中等职业教育课程创新精品系列教材

钎焊技术

主　编　刘　钟　王　成
副主编　李　川　李　祥
参　编　李金松　钟晓霞
主　审　易祖全

北京理工大学出版社
BEIJING INSTITUTE OF TECHNOLOGY PRESS

内容简介

本书是中等职业学校加工制造类制冷和空调设备运行与维修专业"钎焊技术"课程教材，是编者总结多年从事制冷实训指导和竞赛培训工作的经验，并结合校企合作中行业优秀企业的钎焊岗位技术要求和职业教育校企双元特点编写而成。

本书设置4个项目，共16个任务。其中，项目一介绍硬钎焊的焊接前准备，项目二介绍制冷系统管道的基础焊接，项目三介绍制冷组件的应用硬钎焊，项目四介绍手工软钎焊技术。

本书既可用于制冷和空调设备运行与维护专业学生的实践教学，又可作为空调企业生产岗位和售后岗位员工钎焊的培训用书。

版权专有 侵权必究

图书在版编目（CIP）数据

钎焊技术 / 刘钟，王成主编. -- 北京：北京理工大学出版社，2021.11

ISBN 978-7-5763-0640-8

Ⅰ.①钎… Ⅱ.①刘… ②王… Ⅲ.①钎焊 – 教材 Ⅳ.①TG454

中国版本图书馆 CIP 数据核字（2021）第 222388 号

出版发行 / 北京理工大学出版社有限责任公司
社　　址 / 北京市海淀区中关村南大街 5 号
邮　　编 / 100081
电　　话 /（010）68914775（总编室）
　　　　　（010）82562903（教材售后服务热线）
　　　　　（010）68944723（其他图书服务热线）
网　　址 / http://www.bitpress.com.cn
经　　销 / 全国各地新华书店
印　　刷 / 定州市新华印刷有限公司
开　　本 / 889 毫米 × 1194 毫米　1/16
印　　张 / 11
字　　数 / 190 千字
版　　次 / 2021 年 11 月第 1 版　2021 年 11 月第 1 次印刷
定　　价 / 41.00 元

责任编辑 / 陆世立
文案编辑 / 陆世立
责任校对 / 周瑞红
责任印制 / 边心超

图书出现印装质量问题，请拨打售后服务热线，本社负责调换

前言

近年来,随着科学技术的迅猛发展和工业生产的日新月异,各种新的金属材料,如非铁金属、稀有金属、高合金钢的应用日益增多,新结构和新材料的采用对连接技术提出了越来越高的要求,而熔焊和压焊这些较为常用的焊接方法有时很难适应这些金属材料的连接。作为一种实现材料连接的重要加工方法,钎焊技术以其独有的特点在难以熔焊材料的构件焊接中受到科技工作者更多的关注,这种技术开始以前所未有的速度发展,成功地被开发出来,出现了许多新的钎焊工艺和新的钎料品种,从而使钎焊的应用更加广泛,并且在生产中发挥着越来越大的作用。

一、编写背景

中国特色学徒制是深化产教融合、校企合作,推动职业教育体系和劳动就业体系互动发展的生动实践,是一种全新的工学结合人才培养形式。重庆工商学校是全国首批学徒制试点单位,与大金空调(上海)有限公司、格力空调(重庆)有限公司等空调制造企业进行了深度合作,摸索实施双主体育人、双导师教学等学生双重身份的中国特色学徒制育人新模式。在实践过程中,由于学校、企业地理位置上的距离,工学交替难免会出现教学计划与生产任务相冲突的情况。基于此,学校组织校企双导师联合开展课程标准、教材及教学资源开发,共建实训基地,共同搭建远程协同教学系统,实施课前资源共享、课中双师共育、课后拓展共进的全过程教学,以弥补异地校企的时空局限。

钎焊技术是空调制造企业核心岗位必须具备的技能,为了对接企业钎焊岗位生产实际,结合"三教"改革要求,校企双方共同开发了《钎焊技术》一书,重构了制冷设备生产维修过程中钎焊技术内容,使本书既能满足中职制冷和空调设备运行与维护专业学生的教学实践要求,又能满足空调企业生产维修人员的培训需求。

二、编写特点

本书根据加工制造类制冷和空调设备运行与维修专业人才培养方案,并结合中职学校教学改革要求编写,突出以下特点:

1. 以学生为本。所有的学习任务设计简洁明了，语言通俗易懂，具备较强的可操作性，符合中职学生的学习特点，容易激发学生的学习兴趣，为后续学习奠定良好的基础。

2. 采用任务驱动法，突出学生的主体地位。从任务实施前的资料查阅到实训材料、工具的选择，再到任务实施方案的设计和调整，在整个任务实施过程中，学生不是被动的接受者，而是主动的设计者、参与者、实施者。

3. 尊重学生的个性发展和创造力。在符合技能标准的前提下，任务过程中允许出现个体差异，实施多元开放的评价方式，提升每个学生的学习积极性。

4. 本书中还融入了思政元素，展示钎焊技术的技能之"美"，突出强调良好操作，培育师生的节能环保意识，培养学生良好的职业素养。

三、编写内容

本书既是对编者多年教学实践、技能竞赛经验的总结，又符合制冷设备制造企业的钎焊岗位技术要求，体现了职业教育校企双元特色。本书力图通过钎焊训练任务设计，让学生牢固掌握钎焊的基本原理及方法。

本书以项目为载体，以工作任务为引领，共设置 4 个项目、16 个任务。其中，项目一为硬钎焊的焊接前准备，项目二为制冷系统管道的基础焊接，项目三为制冷设备组件的应用硬钎焊，项目四为手工软钎焊技术。

本书建议学时为 36 学时，其中项目一 6 学时，项目二 15 学时，项目三 6 学时，项目四 9 学时。具体安排如下：

项目名称	任务名称	知识与技能点	学时
项目一 硬钎焊的焊接前准备	任务一 观察与熟悉制冷设备的焊接部位	1. 钎焊的基础知识 2. 制冷系统常用部件 3. 制冷系统主要部件结构及工作原理 4. 了解铜管焊接方式	2
	任务二 认识与使用切割器和倒角器	1. 切割器的结构 2. 使用切割器切管的步骤 3. 倒角器的结构 4. 倒角器的使用方法	1
	任务三 认识与使用胀管器	1. 胀管器的结构 2. 胀管器的使用方法	2
	任务四 硬钎焊场地的安全要求分析	1. 硬钎焊场地的安全要点 2. 钎焊中常见气源的介绍 3. 硬钎焊作业的正确着装及着装中各部件的作用	1

续表

项目名称	任务名称	知识与技能点	学时
项目二 制冷系统管道的基础焊接	任务一 气源转移与气焊设备点检	1. 便携式气焊设备的结构及作用 2. 固定式气焊设备的结构、作用 3. 辅助焊接工具的作用及特点 4. 焊枪的结构及工作原理 5. 连接气管的点检注意事项 6. 气源压力参考值 7. 减压阀的结构及工作原理	2
	任务二 焊枪的开火、关火操作及火焰的认识与调节	1. 焊枪的开火顺序 2. 焊枪的关火顺序 3. 火焰类型的认识 4. 火焰温度的认识	1
	任务三 向下焊接练习	1. 制冷系统中常见铜管类型介绍 2. 钎焊条件对焊材的影响 3. 焊材及助焊剂的选择及作用 4. 向下焊接预热操作要点 5. 向下焊接加焊材操作要点 6. 向下焊接的步骤	4
	任务四 向上焊接练习	1. 向上焊接预热操作要点 2. 向上焊接加焊材操作要点 3. 向上焊接的步骤	4
	任务五 横向焊接练习	1. 横向焊接预热操作要点 2. 横向焊接加焊材操作要点 3. 横向焊接的步骤	4
项目三 制冷设备组件的应用硬钎焊	任务一 焊接压缩机	压缩机焊接要求	2
	任务二 焊接干燥过滤器	干燥过滤器焊接步骤	2
	任务三 焊接工艺管封口	工艺管封口焊接时的注意事项	1
	任务四：免焊密封压接洛克环	1. 洛克环简介 2. 洛克环密封步骤	1
项目四 手工软钎焊技术	任务一 认识和选用软钎焊工具、材料	1. 软钎焊基础知识介绍 2. 软钎焊工具和材料介绍 3. 电烙铁的检测和烙铁芯的更换	1
	任务二 手工软钎焊的基础焊接	1. 五步焊接法 2. 两脚元件的焊接（电阻） 3. 多脚元件的焊接（三极管/集成块）	4
	任务三 手工软钎焊应用焊接实例——焊接呼吸灯套件	套件呼吸灯焊装时的注意事项	4
总计			36

四、编写团队

本书由刘钟、王成担任主编，李川、李祥担任副主编，李金松、钟晓霞参与编写，易祖全担任主审。其中，项目一由李金松编写，项目二由王成、李祥编写，项目三由刘钟、李川编写，项目四由钟晓霞编写，全书由刘钟负责统稿。

在编写本书的过程中，编者得到了重庆工商学校、大金空调（上海）有限公司领导的大力支持，也获得了重庆芮臣机电设备安装工程有限公司辜潇的鼎力帮助。同时，本书编写工作的顺利完成得益于重庆市课题"现代学徒制新形态一体化教材建设的实践研究"课题组研究成果的支持，在此一并表示由衷的敬意和诚挚的感谢。

由于编者水平有限，书中不足之处在所难免，恳请读者批评指正。

编 者

2021 年 7 月

目录

项目一　硬钎焊的焊接前准备 ·· 1

　　任务一　观察与熟悉制冷设备的焊接部位 ···················· 1

　　任务二　认识与使用切割器和倒角器 ···························· 5

　　任务三　认识与使用胀管器 ·· 9

　　任务四　硬钎焊场地的安全要求分析 ···························· 13

项目二　制冷系统管道的基础焊接 ·· 19

　　任务一　气源的转移与气焊设备的点检 ························ 19

　　任务二　焊枪的开火、关火操作及火焰的认识与调节 ···· 28

　　任务三　向下焊接练习 ·· 35

　　任务四　向上焊接练习 ·· 43

　　任务五　横向焊接练习 ·· 51

项目三　制冷设备组件的应用硬钎焊 ···································· 59

　　任务一　焊接压缩机 ·· 59

　　任务二　焊接干燥过滤器 ·· 65

　　任务三　焊接工艺管封口 ·· 70

　　任务四　免焊密封压接洛克环 ·· 75

项目四 手工软钎焊技术 ·············· 81

    任务一 认识和选用手工软钎焊工具、材料 ············ 81

    任务二 手工软钎焊的基础焊接 ················ 87

    任务三 手工软钎焊应用焊接实例——焊接呼吸灯套件 ········ 95

参考文献 ····················· 103

项目一

硬钎焊的焊接前准备

场景导入

电冰箱、空调器等常见的制冷设备在生产与维修过程中需要对铜管接口进行焊接，焊接前应做好哪些准备，这是学生应该注意的内容。焊接铜管前，学生一般需要了解电冰箱、空调器制冷系统的结构，铜管基础加工方法，焊接场所的安全技术要求等内容。

本项目将引导学生做好硬钎焊的焊接前准备，掌握铜管基础加工方法，熟悉焊接场所安全要求，掌握钎焊作业的正确着装，为后面的钎焊操作奠定基础。

任务一 观察与熟悉制冷设备的焊接部位

任务描述

钎焊技术是空调器制造与维修的核心技术，空调器制冷系统中的各部件需要利用钎焊技术进行连接。一旦连接部件有漏点就会造成制冷剂泄漏，空调器将无法实现制冷与制热。因此，钎焊技术在空调设备生产与维修过程中的重要性不言而喻。作为一名钎焊技术的初学者，我们应该熟悉空调器制冷设备系统管路中各部件的焊接部位，掌握空调器制冷系统的基本结构，了解器件的基本功能。本任务将引导学生观察与熟悉制冷设备系统管路中的焊接部位。

任务流程图如下。

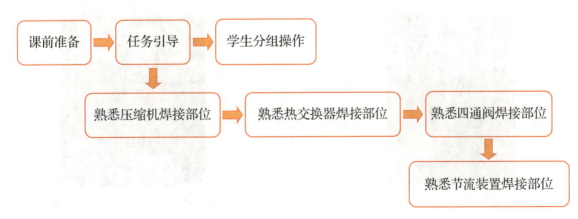

2 钎焊技术

任务实施

一、课前准备

课前完成线上学习：首先通过互联网查询相关资料，分析制冷系统信息；然后分组进行观察与熟悉制冷设备焊接部位的任务准备。

二、任务引导

（1）了解完成本任务所需的器材名称、型号及作用，填写表1-1-1。

表1-1-1 完成本任务所需的器材名称、型号及作用

序号	器材名称	规格及型号	数量	作用
1				
2				
3				
4				
5				
6				

（2）小组讨论后由小组长描述选用依据：

_____

_____

_____

（3）教师介绍制冷系统常用部件焊接点并提出问题。

1）制冷系统压缩机的焊接位置在哪里？学生在图1-1-1中标出。

2）制冷系统热交换器的焊接点有哪些？学生在图1-1-2中标出。

图1-1-1 压缩机

图1-1-2 制冷系统热交换器

3）节流装置的焊接部位有哪些？学生在图1-1-3中标出。

4）制冷系统四通阀的焊接部位有哪些？学生在图1-1-4中标出。

图1-1-3　节流装置

图1-1-4　四通阀

5）制冷系统焊接部位中有多少个是立式焊点？有多少个是横式焊点？

6）制冷系统焊接部位中有哪些焊点比较密集？哪些比较稀疏？

7）本次活动中学生观察到的制冷系统焊接点合计是多少？

（4）各组学生根据观察提问，梳理制冷系统焊接部件的认识步骤及安全注意事项，填写表1-1-2。

表1-1-2　制冷系统焊接部件的认识步骤及安全注意事项

项目	说明
确认制冷系统焊接部件位置及数量	
安全注意事项	

三、学生分组操作，教师巡视并确保安全

每小组分配一台空调器，小组成员依次对空调制冷系统焊接部件进行辨识。

任务评价

制冷系统管路部件任务评价表如表 1-1-3 所示。

表 1-1-3　制冷系统管路部件任务评价表

任务名称	考核要求	配分	自评	小组评	师评
压缩机	1. 能辨识空调系统中的压缩机； 2. 能辨识压缩机焊接部位	20			
室外热交换器	1. 能辨识空调系统中的室外热交换器 2. 能辨识室外热交换器在空调系统中的焊接部位	20			
室内热交换器	1. 能辨识空调系统中的室内热交换器； 2. 能辨识室内热交换器在空调系统中的焊接部位	20			
节流装置	1. 能辨识空调系统中的节流装置； 2. 能辨识制冷系统中节流装置的焊接部位	20			
四通阀	1. 能辨识空调系统中的四通阀； 2. 能辨识空调系统四通阀的焊接部位	20			
总分					

思考与练习

一、填空题

1. 压缩机的作用是_____，压缩机需要焊接的部位有_____个。
2. 空调室外热交换器的作用是_____，家用分体式空调器一般选用_____种管径的铜管。
3. 电磁四通阀在空调器中的作用是_____，四通阀需要焊接的部位有_____个。
4. 空调器制冷系统由_____、_____、_____、_____组成。
5. 制冷系统节流装置采用电子膨胀阀的主要优点是_____。

二、判断题

1. 钎焊技术岗位必须持焊工证上岗。　　　　　　　　　　　　　　　　　　（　　）
2. 钎焊是人类最早使用的材料连接方法之一。　　　　　　　　　　　　　　（　　）

3. 我国古代钎焊技术是在春秋时期开始萌芽的。（　　）

4. 电子膨胀阀在制冷系统中起到扩大流量的作用。（　　）

5. 在冰箱、空调制造企业中，钎焊技术被列为企业的普通岗位。（　　）

任务二　认识与使用切割器和倒角器

任务描述

维修空调器、电冰箱制冷系统时，有时会用到铜管进行铜管焊接，在进行焊接操作之前，必须处理好被焊接的铜管。本任务是截取 $\phi 12$ mm、$\phi 10$ mm、$\phi 6$ mm，长度为 20cm 的铜管各一根，用铜管切割器将它们平均分成 5 份，每份长度为 4cm。要求：切割及倒角后的铜管平直，管口圆整，无毛刺、收口现象，铜管偏差不超过 1 mm，预计 45min 完成。

任务流程图如下。

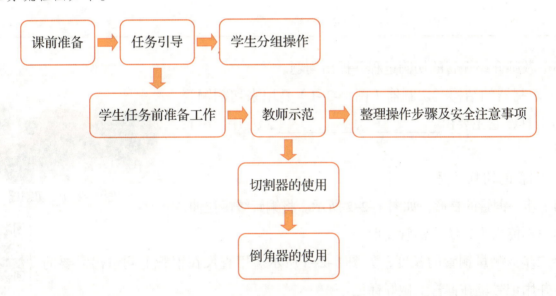

任务实施

一、课前准备

课前完成线上学习：首先通过查询互联网相关学习内容、图书资料，分析有关信息；然后分组进行各型铜管切割及倒角的任务准备。

二、任务引导

（1）对铜管切割操作的方法进行分析：小组讨论，列出本次铜管切割操作所需的工具、材料的名称、型号及作用，填写表 1-2-1。

表 1-2-1 铜管切割操作所需的工具、材料

序号	器材名称	规格及型号	数量	作用
1				
2				
3				
4				
5				
6				
7				

（2）小组讨论后由小组长描述切割器及倒角器操作步骤：

_____

_____

_____

（3）教师介绍铜管的切割过程并提出问题。

1）切割器的结构。切割器（图 1-2-1）是用来切割铜管的专用工具，它主要由_____、_____、刀片、滚轮等组成。

图 1-2-1 切割器

2）铜管的切割过程。

第一步：铜管的整形，如图 1-2-2 所示。将铜管缓慢拉伸，注意用力不能太大，防止铜管变形。

第二步：测量铜管的长度，如图 1-2-3 所示。用直尺在铜管上测量出需要的长度，并用记号笔在铜管上做好标记。

割管

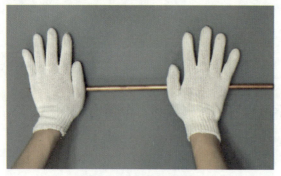

图 1-2-2 铜管的整形

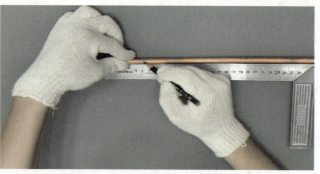

图 1-2-3 测量铜管的长度

第三步：铜管的切割，如图 1-2-4 和图 1-2-5 所示。铜管切割时，左手握着铜管，右手持切割器，将铜管置于导轮与刀片之间，旋转手柄使刀片逐渐向铜管靠近（提示：刀片应对着记

项目一 硬钎焊的焊接前准备 7

号笔留下的印迹)。当刀片接触铜管时,手柄应继续旋转 5°,用于固定铜管,此后切割器绕铜管顺时针旋转一周,手柄旋转约 30°,使刀片嵌入铜管,切割器再旋转一周,手柄旋转约 30°,使刀片进刀,如此往复,切割器旋转 6 圈后铜管将被切断。

图 1-2-4 切割铜管

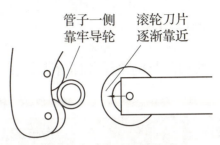

图 1-2-5 铜管切割示意图

3)倒角器的结构是怎样的?倒角器(图 1-2-6)主要由_____和_____构成。

4)如何完成铜管倒角?刚切割下来的铜管会有毛刺和收口现象,需要用倒角器去除铜管口的毛刺和收口。铜管倒角时,倒角器锥形刀片向上,铜管口向下,将倒角器锥形刀片放入管口内,左手握紧铜管不动,右手旋转倒角器,反复操作直至去除毛刺与收口,如图 1-2-7 所示。

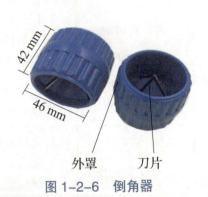

图 1-2-6 倒角器

(a)

(b)

(c)

图 1-2-7 铜管倒角过程

(a)未倒角的铜管;(b)正在倒角的铜管;(c)倒角后铜管

(4)学生根据观察提问,整理铜管切割、倒角操作步骤及安全注意事项,填写表 1-2-2。

表 1-2-2 切割、倒角操作步骤及安全注意事项

项目	说明
铜管切割倒角步骤	
安全注意事项	

三、学生分组操作,教师巡视并确保安全

每小组分配一个工位和两套铜管加工工具,小组成员依次进行铜管的切割与倒角。

任务评价

铜管的切割与倒角任务评价表如表 1-2-3 所示。

表 1-2-3　铜管的切割与倒角任务评价表

任务	考核要求	配分	自评	小组评	师评
铜管的切割	1. 切割的铜管长度符合要求; 2. 切口整齐、光滑; 3. 切割器刀口未崩裂; 4. 铜管平直、圆整	50			
铜管的倒角	1. 无毛刺和收口; 2. 铜管内没有残留铜屑	30			
安全文明操作	1. 无设备损坏事故; 2. 无人员伤害事故; 3. 课后收拾好工具仪表及实训器材; 4. 做好室内清洁	20			
总分					

思考与练习

一、填空题

1. 切割器的作用是_____。
2. 倒角器的作用是_____。
3. 铜管一般分为_____铜管和_____铜管。
4. 在铜管夹持和切割过程中,进刀量不能_____,否则会导致铜管变形,严重时会损坏刀片。
5. 在锉铜管口时锉刀与铜管应成_____。

二、判断题

1. 切割后的铜管可以变形。　　　　　　　　　　　　　　　　　　　　(　　)
2. 切割铜管时切割器绕铜管顺时针旋转半周后才能进刀一次。　　　　　　(　　)
3. 毛细管不能用切割器切割。　　　　　　　　　　　　　　　　　　　(　　)
4. 倒角时锥形刀片向上,铜管口向下外,才能确保铜管内干净。　　　　　(　　)
5. 电冰箱和空调器上的铜管都是黄铜管。　　　　　　　　　　　　　　(　　)

项目一 硬钎焊的焊接前准备

任务三 认识与使用胀管器

 任务描述

在制冷设备的生产和维修时，有时需要对铜管进行焊接，在进行焊接操作之前，必须准备好杯形口铜管等材料。本任务是将φ6mm、长10cm的铜管一端做成杯形口，方便后期进行焊接。要求：杯形口端面平整、圆滑、没有破口。

任务流程图如下。

任务实施

一、课前准备

课前完成线上学习：首先通过查询互联网相关学习内容、图书资料，分析有关信息；然后分组进行铜管杯形口的制作准备。

二、任务引导

（1）对铜管切割操作的方法进行分析：小组讨论，列出本次铜管杯形口制作所需的工具、材料的名称、型号及作用，填写表1-3-1。

表1-3-1 铜管杯形口制作所需的工具、材料

序号	器材名称	规格及型号	数量	作用
1				
2				
3				
4				
5				
6				
7				

（2）小组长组织小组讨论，并记录铜管杯形口制作步骤：

_____

_____

_____

（3）教师介绍胀管器的使用与铜管杯形口制作过程并提出问题。

1）参考图1-3-1，分析胀管器的结构。

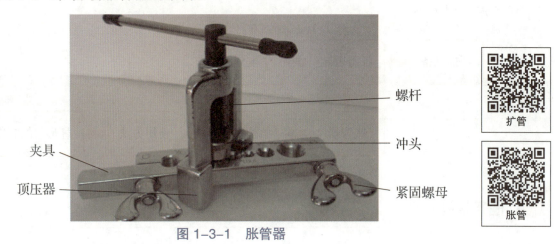

图1-3-1　胀管器

胀管器是用来加工喇叭口和杯形口的专用工具，主要由_____、_____、冲头等组成。

2）参考图1-3-2，思考如何更换胀管器冲头。

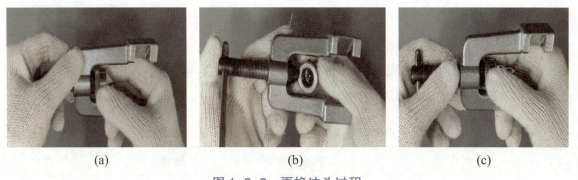

图1-3-2　更换冲头过程

（a）取锥形冲头；（b）放钢珠；（c）安装冲头

胀管器冲头的更换步骤：

①左手固定螺母，右手顺时针旋动锥形冲头直至取下。

②将锥形冲头中的钢珠放入圆柱形冲头内（冲头的大小等于铜管外径的1.1倍）。

③左手固定螺母，右手拿装有钢珠的圆柱形冲头逆时针旋转冲头直至拧紧。

注意：此处冲头为反丝。

3）参考图1-3-3，思考杯形口的制作过程。

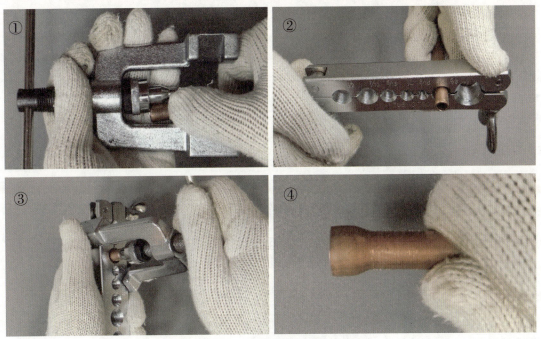

图 1-3-3 铜管杯形口制作过程

铜管杯形口的制作过程：

①测量出所需冲头的高度，并在铜管上按冲头的高度 +2 mm 做好记号，夹持在相对应的夹具孔中待用。

②按照顺时针松开冲头逆时针拧紧的方法更换弓形架上的冲头，更换过程中小心弹珠的丢失。

③将顶压器夹装在夹具上同时抹少许冷冻油在冲头上，冲头对准铜管管口。顺时针旋转手柄 3/4 圈，退出 1/4 圈，直至扩成杯形口。

④观察成形后的杯形口，应圆整美观无卷边、裂口、收口现象。

铜管杯形口的制作注意事项：

①在选择夹具上的卡口时应注意铜管的管径是英制标准还是公制标准，不能选错夹具。

②铜管露出夹具的高度应该是冲头的实际高度加上 2 mm 为宜。

③做杯形口时冲头顶端建议抹上冷冻油，控制好旋转手柄的速度以免裂口。

④更换不同规格的冲头时小心钢珠的丢失。

（4）学生根据观察提问，梳理铜管杯形口操作步骤及安全事项，填写表 1-3-2。

表 1-3-2　铜管杯形口操作步骤及安全事项

项目	说明
铜管杯形口制作的步骤	
安全注意事项	

三、学生分组操作，教师巡视并确保安全

每小组分配一个工位，两套胀扩管器，小组成员依次进行铜管杯形口的制作。

任务评价

胀管器的使用任务评价表如表 1-3-3 所示。

表 1-3-3　胀管器的使用任务评价表

任务	考核要求	配分	自评	小组评	师评
制作杯形口	1. 会更换胀管器冲头和选择合适的冲头； 2. 杯形口端面要平整、圆滑； 3. 圆柱面没有破口； 4. 杯形口与套管间间隙小于 0.05 mm	90			
安全文明操作	1. 无设备损坏事故，无人员伤害事故； 2. 课后收拾好工具仪表及实训器材，做好室内清洁	10			
总分					

思考与练习

一、填空题

1. 胀管器的作用是＿＿＿＿＿＿＿＿＿＿。它主要由夹具、顶压器和＿＿＿＿＿＿等组成。
2. 螺纹有公制和＿＿＿＿＿＿螺纹。
3. 扩口时顺时针旋转手柄＿＿＿＿＿＿圈，退出＿＿＿＿＿＿圈，反复进行直至扩成喇叭口。
4. 做喇叭口的目的是＿＿＿＿＿＿＿＿＿＿＿＿＿＿＿＿＿＿＿＿。
5. 做杯形口的目的是＿＿＿＿＿＿＿＿＿＿＿＿＿＿＿＿＿＿＿＿。

二、判断题

1. 做成的喇叭口可以破口。	( )
2. 杯形口端面不能平整、圆滑锥度在60°左右。	( )
3. 在扩口前冲头要先抹油，否则质量可能出问题。	( )
4. 做杯形口和喇叭口可以使用同一个冲头。	( )
5. 不需要顶压器也可以做杯形口。	( )

任务四　硬钎焊场地的安全要求分析

任务描述

在进行钎焊操作之前，场地一定要符合钎焊场地的要求，操作人员正确着装、遵守钎焊操作规程。本任务可以分为3个活动来完成，分别是认识钎焊场地的安全要求、识别钎焊中的常见气源、完成钎焊作业的正确着装。

任务流程图如下。

任务实施

一、课前准备

课前完成线上学习：首先通过查询互联网相关学习内容、图书资料，分析有关信息；然后分组进行准备。

二、任务引导

（1）小组讨论，列出学习硬钎焊场地安全时所需的器材名称、型号及作用，填写表1-4-1。

表 1-4-1 场地安全学习所需的器材

序号	器材名称	规格及型号	数量	作用
1				
2				
3				
4				
5				
6				
7				

（2）小组长组织小组讨论，并记录硬钎焊的场地安全学习步骤：

___

___

___

（3）教师介绍硬钎焊的场地安全要求并提出问题。

1）钎焊场地的气源安全距离有多大？

请学生根据图 1-4-1 判断钎焊操作氧气瓶与动火点之间、燃气瓶与动火点的安全距离分别是多少。

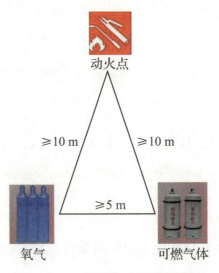

图 1-4-1 气源安全距离示意图

2）钎焊场地是否允许放置其他易燃易爆物品？

_____

_____

参考图 1-4-2，请学员举例说明焊接场所不能放置的危险物品。

图 1-4-2　钎焊场所的禁止要求

_____

_____

3）常用气源如何识别？

参考图 1-4-3，请学员判断氧气钢瓶的颜色，描述氧气在钎焊操作中的作用。

图 1-4-3　氧气钢瓶

_____

_____

参考图 1-4-4，请学员判断丙烷燃气钢瓶的颜色，描述丙烷气体在钎焊操作中的作用。

_____

_____

_____

图 1-4-4 燃气钢瓶

4）钎焊作业者的着装要求有哪些？

_____

_____

_____

如图 1-4-5 所示，正确着装要求如下。
①在作业过程中，戴安全帽保护头部。
②在钎焊作业过程中，戴护目眼镜保护眼睛。
③钎焊操作中，穿工作服保护身体。
④钎焊操作戴手绑保护手臂。
⑤操作时，戴工作手套防止手部割伤、划伤、烫伤。
⑥作业时，穿工作鞋防止部品掉落时砸到脚对人造成伤害。

请各位学员试穿钎焊作业者的防护装备，由组长根据着装规范对学员进行检查，督促学员正确着装，使学员养成良好的穿戴习惯。

（4）学生根据观察提问，梳理硬钎焊的场地的安全要求及安全事项，填写表 1-4-2。

图 1-4-5 钎焊作业正确着装

表 1-4-2 硬钎焊的场地的安全要求及安全事项

项目	说明
梳理钎焊场地安全要求学习步骤	
安全注意事项	

三、学生分组操作,教师巡视并确保安全

每小组安排一个工位,小组成员依次对钎焊场地安全技术要求进行分析。

任务评价

硬钎焊的场地的安全要求任务评价表如表 1-4-3 所示。

表 1-4-3 硬钎焊的场地的安全要求学习评价表

任务	考核要求	配分	自评	小组评	师评
查找不安全状态及行为	组长设置3个不安全状态或行为,由组员来查找,并指出带来的危害,少一个扣10分	30			
钎焊道场常用气源认知	1. 认识氧气瓶并说出其性质; 2. 认识丙烷气瓶并说出其性质; 3. 认识石油液化气气瓶并说出其性质	30			
钎焊正确着装	随机设置3个不同的着装有问题的穿法,由组员查找并指出不对的地方,少一个扣10分	30			
安全文明操作	1. 无设备损坏事故; 2. 无人员伤害事故; 3. 课后收拾好工具仪表及实训器材; 4. 做好室内清洁	10			
总分					

思考与练习

一、填空题

1. 钎焊场地中氧气与可燃气体之间的安全距离应为_____m。
2. 氧气即可燃气体与动火点之间的安全距离为_____m,而且气瓶应该做好_____措施。
3. 动火前应对_____进行确认,将_____撤出,远离动火点摆放。
4. 氧气属于_____,丙烷属于_____。

5. 防护眼镜的作用是_____。

二、判断题

1. 对焊枪进行点火时，不需要专用的点火工具。　　　　　　　　　　　（　　）
2. 钎焊操作时严禁与他人交谈等分散注意力的行为。　　　　　　　　　（　　）
3. 焊枪气管、软管连接部漏气不影响焊接。　　　　　　　　　　　　　（　　）
4. 钎焊操作时必须与他人保持 1 m 以上的安全距离。　　　　　　　　　（　　）
5. 严禁踩踏或物体碾压正在作业中的焊枪供气软管。　　　　　　　　　（　　）

项目二
制冷系统管道的基础焊接

场景导入

我们在从事空调器等制冷设备的生产、维修工作时，往往涉及制冷系统管道焊接。因此，正确使用钎焊设备是空调器生产、维护维修的重要内容。

本项目主要学习钎焊中最基本的焊接入门操作技术，除要求学生掌握钎焊设备的点检、点火、关火等基本钎焊操作外，还要掌握向上焊接、向下焊接及横向焊接3种操作方法，为日后成为专业的钎焊技术人员打下坚实的基础。

任务一 气源的转移与气焊设备的点检

任务描述

在进行钎焊操作前，你是否了解过钎焊设备的使用场景？是否认识钎焊操作时所使用的辅助工具？了解每一套焊接设备是否能够正常运行？认识焊枪是否泄漏？认识连接气管是否开裂？是否知道焊接过程中火焰突然变小的原因？这些都是在气焊枪操作前、操作过程中应该做的点检操作，如果没有进行有效的点检，有可能发生安全事故。

本任务是在钎焊实训场地对固定式气焊设备做操作前的点检，防止因钎焊设备有气源泄漏导致发生安全隐患，为完成以后的焊接任务奠定基础。

任务流程图如下。

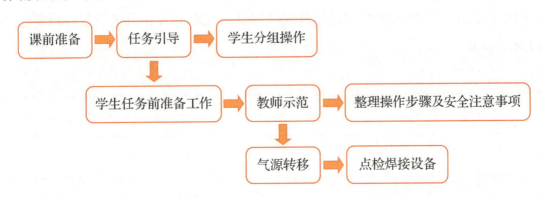

 钎焊技术

任务实施

一、课前准备

课前完成线上学习:首先从网络课堂接受任务,通过查询互联网、图书资料,分析有关信息;然后分组进行气源的转移与气焊设备的点检任务准备。

二、任务引导

(1)小组讨论,列出本次气源转移与气焊设备点检任务所需的器材名称、型号及作用,填写表2-1-1。

表2-1-1 任务所需的器材名称、型号及作用

序号	器材名称	规格及型号	数量	作用
1				
2				
3				
4				
5				
6				
7				
8				
9				
10				
11				
12				
13				
14				
15				

(2)由小组长组织小组讨论后记录便携式气焊设备气源的转移方法及气焊设备点检操作步骤可能的安全隐患:

_____

_____

_____

（3）教师示范气焊设备点检步骤及要领并提出问题。

1）便携式气焊设备的作用及使用场景？需要配备哪些辅助工具？

作用：_____

使用场景：_____

辅助工具：_____

2）请填写图2-1-1所示便携式气焊设备各部件名称。

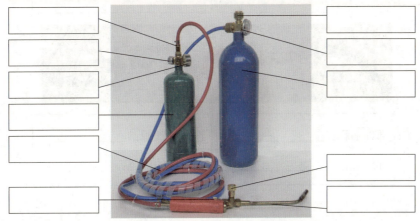

图2-1-1　便携式气焊设备

3）请参考图2-1-2所示的钎焊场景，写出固定式气焊设备的使用场景及主要结构组成。

图2-1-2　固定式气焊设备

使用场景：_____

主要结构：_____

4）请写出常用气源在企业生产线和售后维修时各自对应的压力值及其误差。

①调整可燃性气体压力。

企业流水线：_____

实训场地、安装、维护：_____

②调整氧气压力。

企业流水线：_____

实训场地、安装、维护：_____

③调整氮气压力。

企业流水线：_____

实训场地、安装、维护：_____

5）请在图 2-1-3 所示的焊枪中填写各部件的名称及相对应的颜色。

部件名称：_____　　连接的气源：_____
部件颜色：_____　　相对应的颜色：_____

部件名称：_____　　连接的气源：_____
部件颜色：_____　　相对应的颜色：_____

图 2-1-3　焊枪

6）教师示范气源的转移并提出问题。

便携式气焊设备在使用前要先将氧气和可燃气体充注到钢瓶之中，转移的过程中注意遵守安全操作规范，具体步骤如下。

①氧气的转移。

a. 取下连接气阀。

如图 2-1-4 所示，带上防割手套先关闭_____，用活络扳手取下_____或_____。

b. 连接氧气过桥。

如图 2-1-5，用_____连接大小氧气钢瓶，并用活络扳手拧紧。

图 2-1-4　取下连接气阀

图 2-1-5　连接氧气过桥

c. 打开氧气阀门。

如图 2-1-6 所示，_____打开小钢瓶的_____，再打开大钢瓶的氧气阀门，观察小钢瓶上的_____显示。

d. 关闭氧气阀门。

如图 2-1-7 所示，便携式气焊设备中氧气瓶压力表显示_____即为加满。依次_____两个氧气钢瓶的阀门，取下_____，将连接气阀装好，氧气转移完毕。

图 2-1-6　打开氧气阀门

图 2-1-7　关闭氧气阀门

②可燃气体的转移。

a. 丁烷气源的转移。

如图 2-1-8 所示，打开丁烷气罐的瓶盖，将丁烷气罐气嘴_____小钢瓶的_____中并_____，气压显示为_____即为加满（注意冬天和夏天加注的_____有区别）。

b. 丙烷气源的转移。

如图 2-1-9 所示，用活络扳手取下可燃气瓶上的_____，然后用_____将便携式气焊设备中可燃气瓶和丙烷钢瓶相连，打开可燃气钢瓶，再打开丙烷气体钢瓶，气源开始转移。当小钢瓶上的压力表指针不动时，代表气源转移完毕。气源转移完毕后_____，取下可燃气体过桥。随着大钢瓶气源不断减少，转移到小钢瓶内的丙烷压力也会_____。

图 2-1-8　丁烷气源的转移

图 2-1-9　丙烷气源的转移

7）教师示范焊炬泄漏点点检操作过程。

①对焊枪上所有连接处进行点检操作，防止有接头出现气体泄漏现象。

如图 2-1-10 所示，为了防止在焊接过程中，焊枪各部位的气体泄漏，有必要利用_____对焊枪的各个连接点进行检漏，并在检漏完成后，将泡沫_____，防止泡沫对焊炬部件造成_____。

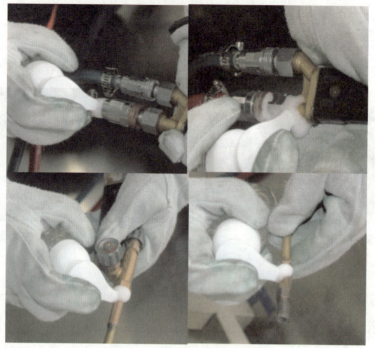

图 2-1-10　点检连接处

焊枪的点检

②射吸式焊枪吸排气点检步骤。

a. 卸掉可燃气管确认吸入。

如图 2-1-11 所示，_____连接气管，打开_____阀门和_____阀门。

b. 确认喷出。

如图 2-1-12 所示，可燃气体打开_____以上，氧气_____，手指放在_____，有氧气喷出来。手指放在焊枪可燃气体_____，有_____的感觉。

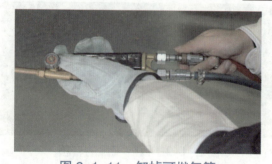

图 2-1-11　卸掉可燃气管

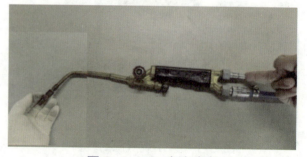

图 2-1-12　确认喷出

③连接气管的点检。

如图 2-1-13 所示，确认连接气管有_____、_____、_____等现象，如果发现上述情况及时更换气管。

气管的点检

④减压阀的点检方法。

如图 2-1-14 所示，用_____涂抹在燃气瓶（或氧气瓶）减压阀所有的接头处，如有出现_____即视为有漏点，需更换减压阀。无泄漏后方可使用。如果是钢瓶阀口出现泄漏，停止使用，并退还给加气站等候专业维护。

项目二 制冷系统管道的基础焊接 25

图 2-1-13 连接气管的点检

钢瓶阀口出现泄漏

图 2-1-14 减压阀的点检方法

⑤钎焊过程中减压阀压力值的点检。

如图 2-1-15 所示，在钎焊过程中火力调整不到理想状态或火力变小，可以查看压力阀的_____，确认氧气或燃气压力是否在规定值范围，如果压力没有到规定值，立即对压力进行调整。

图 2-1-15 减压阀压力值的点检

（4）学生根据观察及提问，整理气源的转移与气焊设备的点检操作步骤及安全注意事项，填写表 2-1-2。

表 2-1-2 气源的转移与气焊设备的点检操作步骤及安全注意事项

项目	说明
气源的转移及气焊设备点检的操作步骤	
安全注意事项	

三、学生分组操作，教师巡视并确保安全

（一）气源的转移

（1）氧气转移练习。

（2）可燃气体转移练习。

（二）气焊设备的点检

（1）焊炬泄漏的点检。

（2）焊枪吸排气的点检。

（3）连接气管的点检。

（4）气源及减压阀的点检。

（5）模拟钎焊过程中减压阀压力值的点检。

任务评价

气源的转移与气焊设备的点检任务评价表如表 2-1-3 所示。

表 2-1-3　气源的转移与气焊设备的点检任务评价表

任务	考核要求	配分	自评	小组评	师评
便携式气焊设备氧气的转移	1. 正确使用活络扳手； 2. 会使用氧气过桥进行大钢瓶与便携式氧气瓶的连接； 3. 能读准氧气瓶上的压力	10			
便携式气焊设备可燃气体的转移	1. 正确使用活络扳手； 2. 会使用可燃气体过桥进行大钢瓶与便携式可燃气瓶的连接； 3. 能读准可燃气瓶上的压力； 4. 会使用丁烷瓶对可燃气瓶气源的加注	10			
焊枪的点检	1. 是否使用泡沫水对焊枪的所有接头处进行泄漏检测； 2. 是否有焊枪确认吸入的操作； 3. 是否有焊枪确认喷出的操作	30			
连接气管的点检	是否有对连接皮管进行检查的操作	10			
气源的点检	1. 是否确认气源气瓶颜色与连接管道相符； 2. 压力值是否达到维护维修的压力标准	20			
减压阀的点检	1. 确认氧气减压阀有无泄漏； 2. 确认燃气减压阀有无泄漏	10			
安全文明操作	1. 无设备损坏事故，无人员伤害事故； 2. 课后收拾好工具仪表及实训器材，做好室内清洁	10			
总分					

思考与练习

一、填空题

1. 便携式气焊设备的组成结构：_____、_____、_____、_____。
2. 钎焊设备中红色的连接气管用于连接_____气源，蓝色的连接气管用于连接_____气源。
3. 电子点火器主要使用在_____气焊设备中。
4. 用泡沫检漏液检查完钎焊设备后要用毛巾把泡沫_____，防止对焊炬等部件造成_____。
5. 为防止气源回火发生鸣爆的危险，我们要在钎焊设备减压阀前安装_____。

二、判断题

1. 在焊枪点火操作前没必要对连接气管做检漏。（ ）
2. 用检漏水检查完焊枪后用布擦干，防止腐蚀焊枪。（ ）
3. 在钎焊过程中没有必要对气源压力做检查。（ ）
4. 在进行钎焊时，一定要戴上平光护目镜。（ ）
5. 焊枪点火操作时可使用打火机进行点火。（ ）

三、简答题

1. 简述常用辅助工具的种类。

_____
_____
_____

2. 简述连接气管的检查方法？

_____
_____
_____

3. 简述硬钎焊气焊设备点检的目的。

_____
_____
_____

任务二　焊枪的开火、关火操作及火焰的认识与调节

任务描述

在进行焊接之前，必须掌握空调器钎焊过程中需要的基础知识。要完成这一任务首先要了解各种铜管材质、直径、外形特征，能够正确选择不同的焊材及助焊剂，会判断母材质量是否合格，能正确装配管道及部件；然后掌握钎焊设备的开火、关火操作，并能够准确地调整出焊接所需的火焰类型。不同的火焰适合不同的焊接需求，所以本任务不仅要求能够掌握正确的开火、关火顺序，还要求能够识别与调节各种不同类型的火焰。

任务流程图如下。

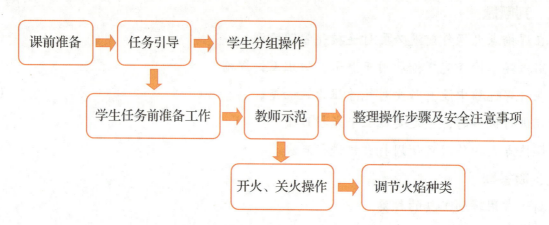

任务实施

一、课前准备

课前完成线上学习：首先从网络课堂接受任务，通过查询互联网、图书资料，分析有关信息；然后分组进行焊枪开火、关火操作及火焰认识与调节的任务准备。

二、任务引导

（1）小组讨论，列出本次焊枪开火、关火操作及火焰认识与调节任务所需的器材名称、型号及作用，填写表 2-2-1。

表 2-2-1　任务所需的器材名称、型号及作用

序号	器材名称	规格及型号	数量	作用
1				
2				
3				

续表

序号	器材名称	规格及型号	数量	作用
4				
5				
6				
7				
8				
9				
10				
11				
12				
13				
14				
15				
16				
17				
18				
19				
20				

（2）由小组长组织小组讨论后记录钎焊设备开火、关火步骤及火焰的种类、特征：

_____

_____

_____

（3）教师示范操作并提出问题。

1）钎焊操作中常用的配管管径有哪些？

_____

_____

_____

续表

2）如果在装配铜管过程中，出现如图 2-2-1 所示的铜管插歪现象会造成哪些影响？

_____

_____

_____

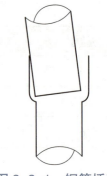

图 2-2-1　铜管插歪

3）在钎焊操作前确认母材、焊材、助焊剂符合焊接标准的条件有哪些？

_____

_____

_____

_____

4）请在如图 2-2-2 所示的焊枪上标出阀门名称及相对应的颜色。

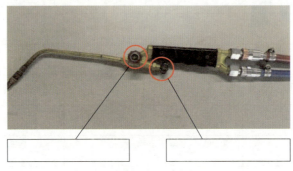

图 2-2-2　焊枪

5）教师示范开火、关火操作并提出问题。

① 开火顺序。

a. 打开燃气阀阀门。

如图 2-2-3 所示，首先_____打开_____阀门_____圈（根据焊枪阀门磨损程度不同，开合程度也会有变化），_____微开_____阀门后焊枪喷嘴对准工作台。

图 2-2-3　打开燃气阀阀门

b. 点火枪点火。

如图 2-2-4 所示，用_____对焊枪进行点火操作后，将点火枪放回工作台，禁止放在_____。

图 2-2-4 点火枪点火

c. 调节火焰。

如图 2-2-5 所示，在焊枪点燃后，根据火焰大小_____旋转阀门适当调整氧气、燃气的比例，将火焰调至需要的类型即可。

图 2-2-5 调节火焰

②关火顺序。

a. 加大氧气阀门。

如图 2-2-6 所示，先_____稍微加大_____阀门，增加氧气含量。氧气加大后噪声明显_____，焰心_____。

图 2-2-6 加大氧气阀门

b. 关闭燃气阀门。

如图 2-2-7 所示，按_____方向迅速_____燃气阀门。关气过程一气呵成，避免出现_____现象。

图 2-2-7　关闭燃气阀门

c. 关闭氧气阀门。

如图 2-2-8 所示，_____关闭_____阀门，将焊枪放回指定位置。不接触喷嘴，避免_____。

图 2-2-8　关闭氧气阀门

6）教师示范调节火焰并提出问题。

①碳化焰。

如图 2-2-9 所示，在丙烷气体中混入_____氧气，丙烷和氧气的比例约为_____。

图 2-2-9　碳化焰

②中性焰。

如图 2-2-10 所示，对于母材没有还原性的火焰，丙烷和氧气的比例约为_____。

图 2-2-10 中性焰

③氧化焰。

如图 2-2-11 所示，比中性焰的氧气含量_____，对金属物体表面有氧化作用，乙炔和氧气的比例约为_____。

图 2-2-11 氧化焰

7）根据图 2-2-12 所示火焰从喷嘴出来后的距离标注出相对应的温度（单位为℃）。

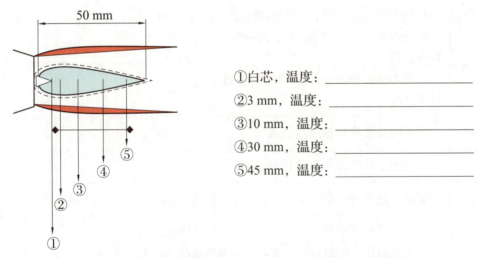

①白芯，温度：_____
②3 mm，温度：_____
③10 mm，温度：_____
④30 mm，温度：_____
⑤45 mm，温度：_____

图 2-2-12 标注温度

（4）学生根据观察及提问，整理气焊设备开火、关火的操作步骤及安全注意事项，火焰的认识与调节的步骤及安全注意事项，填写表 2-2-2。

表 2-2-2 气焊设备开火、关火的操作步骤、火焰的认识与调节及安全注意事项

项目	说明
气焊设备的操作步骤及火焰的种类的认识	
安全注意事项	

三、学生分组操作，教师巡视并确保安全

（1）焊枪点火操作的练习。

（2）焊枪关火操作的练习。

（3）用钎焊设备分别调出碳化焰、中性焰、氧化焰。

任务评价

焊枪的开火、关火操作及火焰的认识与调节任务评价表如表2-2-3所示。

表2-2-3　焊枪的开火、关火操作及火焰的认识与调节任务评价表

任务	考核要求	配分	自评	小组评	师评
焊接设备的点检	1. 是否使用泡沫水对焊枪的所有接头处进行泄漏检测； 2. 是否有焊枪确认吸入的操作； 3. 是否有焊枪确认喷出的操作； 4. 是否有对连接皮管检查的操作； 5. 是否确认气源气瓶颜色与连接的管道相符； 6. 压力值是否按实训场地的压力进行调整	10			
焊枪点火顺序	能正确按操作步骤进行点火	30			
焊枪关火顺序	能按照正确的操作步骤进行关火	30			
火焰种类的认识	能调节出3种火焰	30			
安全文明操作	1. 无设备损坏事故； 2. 无人员伤害事故； 3. 课后收拾好工具仪表及实训器材； 4. 做好室内清洁	出现安全事故扣100分；"3""4"未做好扣50分			
总分					

思考与练习

一、填空题

1. 钎焊作业前确认的间隙大小为_____。

2. 磷铜焊材的牌号是_____，作业温度为_____。

3. 焊枪的点火顺序先是_____并_____，再是_____，最后是_____。

4. 焊枪的关火顺序第一步是_____，第二步是_____，第三步是_____。

5. 在进行点火操作前，可燃气钢瓶输出压力调整为_____，氧气钢瓶输出压力调整为_____。

二、判断题

1. 焊枪点火前，氧气阀门需要按照顺时针方向打开。（   ）
2. 焊枪关火时为防止回火，应缓慢操作，适当停顿观察。（   ）
3. 中性焰的燃气与氧气的比例为 1∶2。（   ）
4. 焊枪可使用打火机进行点火。（   ）
5. 银焊材的作业温度为 605℃～780℃。（   ）

任务三　向下焊接练习

任务描述

基础焊接中向下焊接是每个钎焊操作者最容易上手的一个钎焊内容，但良好的操作姿势和规范的操作方法尤为重要。所以，本次任务要求先练习向下焊接的操作姿势，将焊接姿势固化后再去掌握焊接的温度和添加焊材的方法。

任务流程图如下。

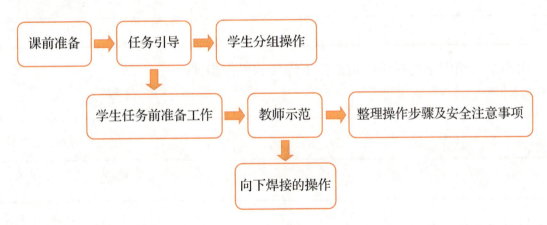

任务实施

一、课前准备

课前完成线上学习：首先从网络课堂接受任务，通过查询互联网、图书资料，分析有关信息；然后分组进行向下焊接练习的准备。

二、任务引导

（1）小组讨论列出本次向下焊接练习任务中所需的器材名称、型号及作用，填写表 2-3-1。

表 2-3-1　向下焊接练习所需的器材名称、型号及作用

序号	器材名称	规格及型号	数量	作用
1				
2				
3				
4				
5				
6				
7				
8				
9				
10				
11				
12				
13				
14				

（2）由小组长组织小组讨论后记录向下焊接的操作步骤：

_____

_____

_____

（3）教师示范操作并提出问题。

1）请在图 2-3-1 所示的母材中画出加热的范围及相对应的温度（单位为℃）。

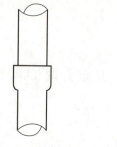

母材加热的温度：_____

向下焊接

图 2-3-1　母材（一）

项目二 制冷系统管道的基础焊接

2）请用颜色名称在图 2-3-2 中标注母材加热过程中的作业温度。

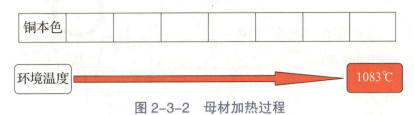

图 2-3-2 母材加热过程

3）请在图 2-3-3 中写出焊枪在进行焊接前焰心调整的距离（单位为 cm）。

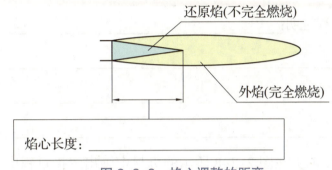

图 2-3-3 焰心调整的距离

4）在预热时，为了使母材内外管能够均匀加热，此时的火焰角度为多少？请在图 2-3-4 中填写。

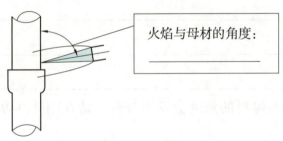

图 2-3-4 火焰角度

5）请在图 2-3-5 和图 2-3-6 中填写预热时，要目视确认火焰焰尖距离母材的长度是多少。火焰接触母材的位置距离管口的距离是多少，火焰对准母材的方向在哪里、距离是多少（单位为 mm）。

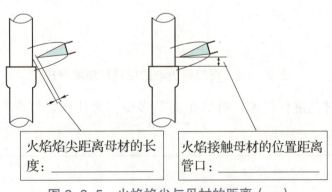

图 2-3-5 火焰焰尖与母材的距离（一）

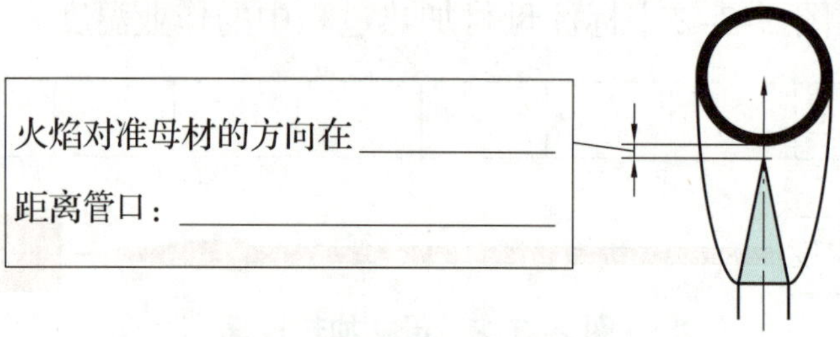

火焰对准母材的方向在 _____

距离管口：_____

图 2-3-6　火焰焰尖与母材的距离（二）

6）请在图 2-3-7 中用箭头画出焊材在母材中流动的范围和流动后的状态并作说明。

焊材在母材中流动过程说明：_____

_____

_____

_____

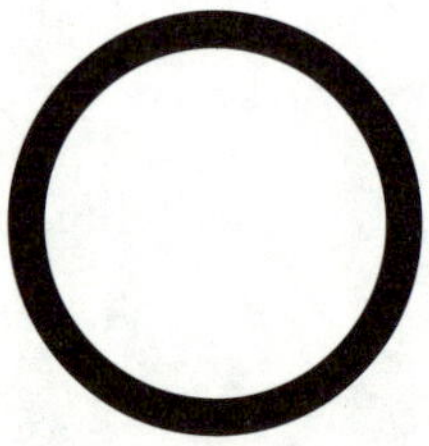

图 2-3-7　母材（二）

7）请用直线代替火焰焰尖在图 2-3-8 所示的母材中画出焊接过程中，火焰移动的方向及状态并加以说明。

焊接过程中火焰移动方向及状态说明：_____

_____

_____

_____

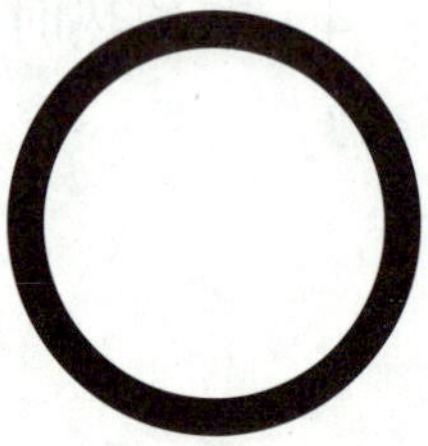

图 2-3-8　母材（三）

8）在加注焊材时火焰与母材的角度会发生改变，请在图 2-3-9 中用直线标注焊接时火焰的位置和角度。

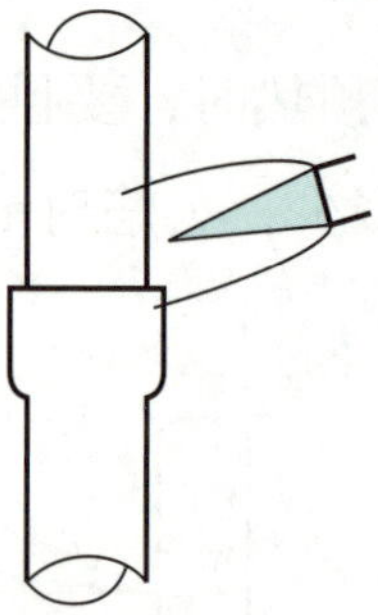

图 2-3-9　焊接时火焰的位置和角度标注

9）焊接前应对焊材先进行打弯，打弯距离是多少？为什么要打弯？

_____

_____

_____

_____

10）焊材在加注时应该从什么部位加注？加注的方法是什么？

___

___

11）在焊接过程和焊接完毕后要做什么？为什么？

___

___

___

12）向下焊接操作步骤。

①焊接设备的点检。

a. 焊枪的点检。

b. 连接气管的点检。

c. 气源的点检。

d. 减压阀的点检。

②向下焊接操作步骤。

a. 预热（图2-3-10）。

焰心长度：_____；母材与火焰角度：_____；焰尖距离母材的距离：_____；焰尖距离母材管口上方的距离：_____；火焰方向朝_____。

图2-3-10　预热

b. 控温、预热焊材（图2-3-11）。

当温度到达_____色时，把_____移至母材边上进行_____。注意观察母材温度，母材温度过高时应该移动_____，防止温度过高将母材烧熔。

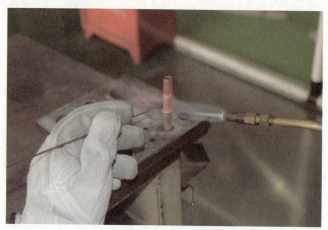

图 2-3-11 控温、预热焊材

c. 加注焊材，控温（图 2-3-12）。

当母材到达作业温度时，加焊材的方法是_____。

火焰配合焊材加注时移动的方向为_____。

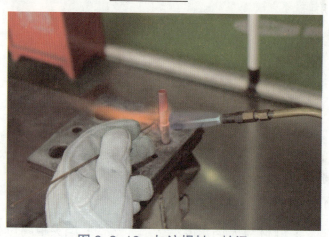

图 2-3-12 加注焊材，控温

d. 确认焊材在管口处的状态（图 2-3-13）。

确认在管口加注焊材到_____并形成_____状态时，先移开_____，利用_____控制好管口焊材形成饱满状态时移开_____。

图 2-3-13 确认焊材在管口处的状态

e. 焊接完毕（图 2-3-14）。

移开火焰和焊材后再次确认管口焊接结果，要求管口_____、_____、_____、_____等，最后关闭_____。

图 2-3-14 焊接完毕

f. 对母材进行降温（图 2-3-15）。

在进行实操练习时，我们用_____夹持母材_____，_____放入水中进行降温处理，防止烫伤。

图 2-3-15 对母材进行降温

（4）学生根据观察及提问，整理向下焊接的操作步骤及安全注意事项，填写表 2-3-2。

表 2-3-2 向下焊接的操作步骤及安全注意事项

项目	说明
向下焊接的操作步骤	
安全注意事项	

三、学生分组操作，教师巡视并确保安全

（1）完成 φ6.35 mm 铜管相同管径的向下焊接练习。

（2）完成 φ3/8 mm 铜管相同管径的向下焊接练习。

（3）完成 φ15.9 mm 铜管相同管径的向下焊接练习。

任务评价

向下焊接任务评价表如表 2-3-3 所示。

表 2-3-3　向下焊接任务评价表

任务	考核要求	配分	自评	小组评	师评
焊接设备的点检	1. 是否使用泡沫水对焊枪的所有接头处进行泄漏检测； 2. 是否有焊枪确认吸入的操作； 3. 是否有焊枪确认喷出的操作； 4. 是否有对连接皮管进行检查的操作； 5. 是否确认气源气瓶颜色与连接的管道相符； 6. 压力值是否按实训场地的压力进行调整	10			
焊枪点火、关火顺序	能按照操作步骤正确进行点火、关火	10			
火焰的调节	要求焰心达到 3~5cm 长	10			
焊接姿势	按照向下焊接操作的焊接姿势进行操作	20			
焊接后外观的评价标准	管口有无气孔，焊料是否加注过多，母材管口焊料是否均匀等	25			
焊接后内观的评价标准	铜管内部焊材是否渗入均匀、无少焊、无飞散	25			
安全文明操作	1. 无设备损坏事故； 2. 无人员伤害事故； 3. 课后收拾好实训器材； 4. 做好室内清洁	安全事故扣 100 分；"3" "4" 未做好扣 50 分			
总分					

思考与练习

一、填空题

1. 在进行预热过程中，要保证两个母材_____和_____同时加热。
2. 在预热过程中，火焰与母材角度是_____。
3. 在对母材加热时，焊枪还原焰前端与母材之间的距离是_____。
4. 焊枪垂直于母材预热时，焰心距离母材管口上方_____mm。
5. 加注焊材时，要从焊材的_____开始融化，并且_____添加焊材。

二、判断题

1. 焊枪对母材预热时，一定要用焰心加热母材。（ ）
2. 钎焊操作熟练后就可以不用戴手套等防护用品。（ ）
3. 自己经常用的钎焊设备可以不用做日常点检。（ ）
4. 下班以后记得将钎焊设备内的气源释放干净，防止发生危险。（ ）
5. 加注焊材时，火焰角度比预热时小。（ ）

任务四　向上焊接练习

任务描述

在空调器制造过程中，并不是每一个焊接点都能管口向下进行焊接的，有时需要向上焊接。基础焊接中向上焊接难度较大，需要操作者明白其原理并能熟练操作。所以，本次任务要求先练好向上焊接的操作姿势，将焊接姿势固化后再去掌握焊接的温度和添加焊材的方法。

任务流程图如下。

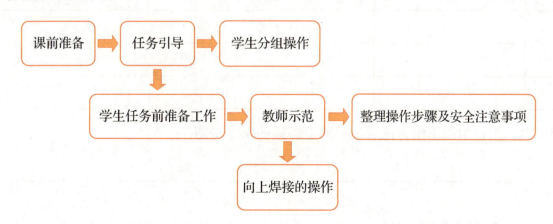

 钎焊技术

任务实施

一、课前准备

课前完成线上学习：首先从网络课堂接受任务，通过查询互联网、图书资料，分析有关信息；然后分组进行向上焊接练习的准备。

二、任务引导

（1）小组讨论，列出本次向上焊接练习所需的器材名称、型号及作用，填写表2-4-1。

表2-4-1 向上焊接所需的器材名称、型号及作用

序号	器材名称	规格及型号	数量	作用
1				
2				
3				
4				
5				
6				
7				
8				
9				
10				
11				
12				
13				
14				

（2）由小组长组织小组讨论后记录向上焊接的操作步骤：

_____

_____

_____

项目二 制冷系统管道的基础焊接　45

（3）教师示范操作并提出问题。

1）什么是毛细管吸力（现象）？

_____

_____

_____

2）请在图 2-4-1 所示的母材中画出加热的范围及相对应的温度（单位为℃）。

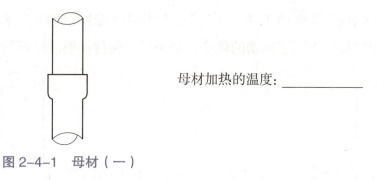

母材加热的温度：_____

图 2-4-1　母材（一）

3）预热时，为了使母材内外管能够均匀加热，此时的火焰角度为多少？请在图 2-4-2 中填写。

火焰与母材的角度：_____

图 2-4-2　火焰角度

4）请在图 2-4-3 和图 2-4-4 中填写在预热时，要目视确认火焰焰尖距离母材的长度是多少，火焰接触母材的位置与管口的距离是多少，火焰对准母材的方向在哪里，距离是多少（单位为 mm）。

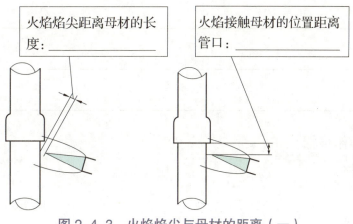

火焰焰尖距离母材的长度：_____

火焰接触母材的位置距离管口：_____

图 2-4-3　火焰焰尖与母材的距离（一）

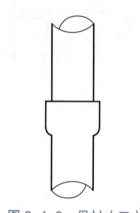

火焰对准母材的方向在_____

距离管口：_____

图 2-4-4　火焰焰尖与母材的距离（二）

5）在加注焊材时火焰与母材的角度发生改变，请在图 2-4-5 中用直线标注焊接时火焰的位置和角度。

6）在加注焊材时火焰移动的方向应该是怎样的？温度应该怎么把握？请用虚线在图 2-4-6 所示的母材中标注出火焰移动的轨迹，画出钎焊保持的温度区域的阴影面积并做说明。

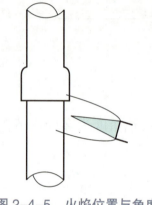

图 2-4-5　火焰位置与角度　　　　　　图 2-4-6　母材（二）

焊接过程中火焰移动方向及母材保持温度区域说明：_____

_____

_____

_____

7）加注焊材时还应该注意什么？

_____

_____

_____

8）向上焊接的操作步骤。

①焊接设备的点检。

a. 焊枪的点检。

b. 连接气管的点检。

c. 气源的点检。

d. 减压阀的点检。

② 向上焊接操作步骤。

a. 焊材打弯（图 2-4-7）。

焰心长度_____对焊材进行_____。打弯长度控制在_____cm，打弯长度根据所焊接的母材管径大小而定。打弯的目的是_____。向下焊接在大管径母材焊接中也可以将焊材进行打弯处理。

图 2-4-7　焊材打弯

b. 预热（图 2-4-8）。

母材与火焰角度：_____；焰尖距离母材的距离：_____；焰尖距离母材管口下方的距离：_____；火焰方向朝_____。

图 2-4-8　预热

c. 控温、预热焊材（图 2-4-9）。

温度到达_____颜色时，把_____移至母材边上进行_____。注意观察母材温度，母材温度过高时应该移动_____，防止温度过高将母材烧熔。

图 2-4-9 控温、预热焊材

d. 加注焊材，控温（图 2-4-10）。

当达到作业温度后保持温度进行焊材添加，添加过程中，火焰顺时针以_____方式移动，焊材仍是_____地添加，直至管口形成，自然饱满。

图 2-4-10 加注焊材，控温

e. 确认焊材在管口处的状态（图 2-4-11）。

管口焊材加注到_____，并形成饱满状态时，先移开_____，再移开_____，利用余温控制好管口焊材形成饱满状态时移开焊材。

图 2-4-11 确认焊材在管口处的状态

f. 焊接完毕（图 2-4-12）。

移开火焰和焊材后再次确认管口焊接结果，要求管口_____、_____、_____等。最后关闭_____。

图 2-4-12　焊接完毕

g. 对母材进行降温（图 2-4-13）。

在进行实操时，我们用_____夹持母材_____，_____放入水中进行降温处理，防止烫伤。

图 2-4-13　对母材进行降温

（4）学生根据观察及提问，整理向上焊接的步骤及安全注意事项，填写表 2-4-2。

表 2-4-2　向上焊接的操作步骤及安全注意事项

项目	说明
向上焊接的操作步骤	
安全注意事项	

三、学生分组操作，教师巡视并确保安全

（1）完成φ6.35 mm铜管相同管径的向上焊接练习。

（2）完成φ3/8 mm铜管相同管径的向上焊接练习。

（3）完成φ15.9 mm铜管相同管径的向上焊接练习。

任务评价

向上焊接任务评价表如表2-4-3所示。

表2-4-3 向上焊接任务评价表

任务	考核要求	配分	自评	小组评	师评
焊接设备的点检	1. 是否使用泡沫水对焊枪的所有接头处进行泄漏检测； 2. 是否有焊枪确认吸入的操作； 3. 是否有焊枪确认喷出的操作； 4. 是否有对连接皮管进行检查的操作； 5. 是否确认气源气瓶颜色与连接的管道相符； 6. 压力值是否按实训场地的压力进行调整	10			
焊枪点火、关火顺序	能正确按操作步骤进行点火、关火	10			
火焰的调节	要求焰心达到3~5cm	10			
焊接姿势	按照向上焊接操作的焊接姿势进行操作	20			
焊接后的标准	管口有无气孔、漏焊，焊料是否加注过多等	25			
焊接后内观的评价标准	铜管内部焊材是否渗入均匀，无少焊、无飞散	25			
安全文明操作	1. 无设备损坏事故； 2. 无人员伤害事故； 3. 课后收拾好工具仪表及实训器材； 4. 做好室内清洁	安全事故扣100分；"3""4"未做好扣50分			
总分					

思考与练习

一、填空题

1. 向上焊接时需要对焊条_____处理。
2. 毛细管吸力 = _____ + _____。
3. 停止钎焊操作时,必须确认焊枪火焰成_____状态,才能放下焊枪。
4. 检查焊缝时,严禁用手_____焊接高温位置。
5. 向上焊接时当温度到达作业温度后,火焰成_____状态移动。

二、判断题

1. 向上钎焊预热时,焊枪喷嘴的方向应该向上。( )
2. 向下焊接可以不用做打弯处理。( )
3. 焊材打弯的长度越长越好。( )
4. 向上焊接时,火焰打方框的方向是逆时针方向。( )

任务五 横向焊接练习

任务描述

基础焊接中横向焊接难度也较大,但无论是空调器制造行业还是空调器维护安装行业遇到制冷系统管道横向焊接的点都较多。所以,在本次任务中我们要重点学习横向焊接的操作要点,掌握横向焊接的操作方法。

本任务要求先练好横向焊接的操作姿势,将焊接姿势固化后再去掌握焊接的温度和添加焊材的方法。

任务流程图如下。

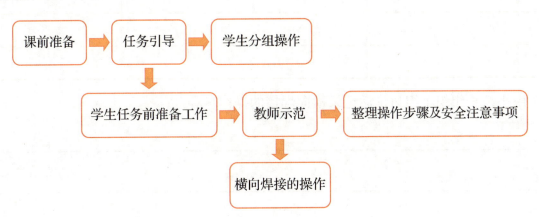

 钎焊技术

> 任务实施

一、课前准备

课前完成线上学习：首先从网络课堂接受任务，通过查询互联网、图书资料，分析有关信息；然后分组进行横向焊接的准备。

二、任务引导

（1）小组讨论，列出本次横向焊接任务所需的器材名称、型号及作用，填写表2-5-1。

表 2-5-1　横向焊接所需的器材名称、型号及作用

序号	器材名称	规格及型号	数量	作用
1				
2				
3				
4				
5				
6				
7				
8				
9				
10				
11				
12				
13				
14				

（2）由小组长组织小组讨论后记录横向焊接的操作步骤：

_____

_____

_____

（3）教师示范操作并提出问题。

1）请在图 2-5-1 所示的母材中画出预热时加热的范围及相对应的温度（单位为℃）。

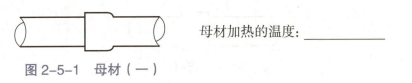

横向焊接

图 2-5-1 母材（一）

2）预热时，为了使母材内外管能够均匀加热，此时的火焰角度为多少？请在图 2-5-2 中填写。

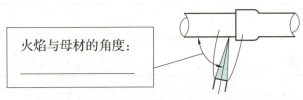

图 2-5-2 母材内外管温度

3）在加注焊材时火焰与母材的角度发生改变，请在图 2-5-3 和图 2-5-4 中用直线标注焊接时火焰的位置和角度。

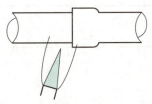

图 2-5-3 加注焊材时火焰与母材的位置（一）

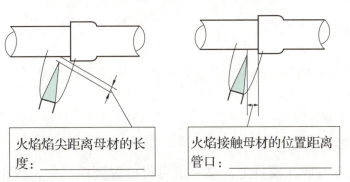

图 2-5-4 加注焊材时火焰与母材的位置（二）

4）请在图 2-5-5 中填写在预热时，要目视确认火焰焰尖距离母材的长度是多少，火焰接触母材的位置距离管口的距离是多少，火焰对准母材的方向在哪里，距离多少（单位 mm）。

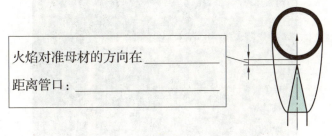

图 2-5-5 火焰焰尖与母材位置

5）在加注焊材时火焰移动的方向应该是怎样的？温度应该怎么把握？请用虚线在如图 2-5-6 所示的母材中标注出火焰移动的轨迹，画出钎焊保持的温度区域的阴影面积并做说明。

图 2-5-6　母材（二）

焊接过程中火焰移动方向及母材保持温度区域说明：_____

_____

_____

_____

6）加注焊材时还应该注意什么？

_____

_____

_____

7）向上焊接的操作步骤。

①焊接设备的点检。

a. 焊枪的点检。

b. 连接气管的点检。

c. 气源的点检。

e. 减压阀的点检。

②横向焊接操作步骤。

a. 准备配管（图 2-5-7）。

将准备好的一组弯头放在模具上，拿一组母材放置到模具中，模拟横向焊接的环境，如图 2-5-7 所示。

图 2-5-7　准备配管

项目二 制冷系统管道的基础焊接

b. 焊材打弯（图2-5-8）。

焰心长度_____对焊材进行_____。打弯长度控制在_____cm，打弯长度根据所焊接的母材管径大小而定。

图2-5-8 焊材打弯

c. 预热（图2-5-9）。

母材与火焰角度：_____；焰尖距离母材的距离：_____；焰尖距离母材管口下方的距离：_____；火焰方向朝_____。

图2-5-9 预热

d. 控温，预热焊材（图2-5-10）。

温度到达_____颜色时，把_____移至母材边上进行_____。注意观察母材温度，母材温度过高时应该移动_____，防止温度过高将母材烧熔。

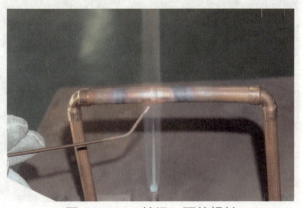

图2-5-10 控温，预热焊材

e. 加注焊材，控温（图2-5-11）。

当母材达到作业温度后，在保持温度稳定的情况下用焊材_____从管道_____进行加注，在加注的过程中既要保持温度火焰又要_____。

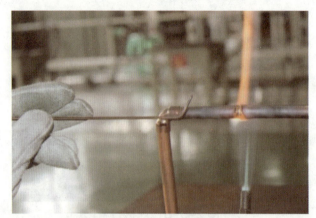

图2-5-11 加注焊材，控温

f. 确认焊材在管口处的状态（图2-5-12）。

当下方的焊材加注好后用焊枪火焰_____管道将焊材_____。

图2-5-12 确认焊材在管口处的状态

g. 焊接完毕（图2-5-13）。

移开火焰和焊材后再次确认管口焊接结果，要求管口_____、_____、_____等。最后关闭_____。

图2-5-13 焊接完毕

h. 对母材进行降温（图 2-5-14）。

在进行实操时，我们用_____夹持母材_____，_____放入水中进行降温处理，防止烫伤。

图 2-5-14　降温处理

（4）学生根据观察及提问，整理横向焊接的操作步骤及安全注意事项，填写表 2-5-2。

表 2-5-2　横向焊接的操作步骤及安全注意事项

项目	说明
横向焊接的操作步骤	
安全注意事项	

三、学生分组操作，教师巡视并确保安全

（1）完成 ϕ6.35 mm 铜管相同管径的横向焊接练习。

（2）完成 ϕ3/8 铜管相同管径的横向焊接练习。

（3）完成 ϕ15.9 mm 铜管相同管径的横向焊接练习。

任务评价

横向焊接任务评价表如表 2-5-3 所示。

表 2-5-3 横向焊接任务评价表

任务	考核要求	配分	自评	小组评	师评
焊接设备的点检	1. 是否使用泡沫水对焊枪的所有接头处进行泄漏检测； 2. 是否有焊枪确认吸入的操作； 3. 是否有焊枪确认喷出的操作； 4. 是否有对连接皮管进行检查的操作； 5. 是否确认气源气瓶颜色与连接的管道相符； 6. 压力值是否按实训场地的压力进行调整	10			
焊枪点火、关火顺序	能正确地按操作步骤进行点火、关火	10			
火焰的调节	要求焰心达到5cm	10			
焊接姿势	按照横向焊接操作的焊接姿势和要点进行操作	20			
焊接后的标准	管口有无气孔、漏焊，焊料是否加注过多造成下垂，焊接处是否均匀饱满等	25			
焊接后内观的评价标准	铜管内部焊材是否渗入均匀，无少焊、无飞散	25			
安全文明操作	1. 无设备损坏事故； 2. 无人员伤害事故； 3. 课后收拾好工具仪表及实训器材； 4. 做好室内清洁	安全事故扣100分；"3""4"未做好扣50分			
总分					

思考与练习

一、填空题

1. 横向焊接时，母材内管和外管温度达到的范围是_____。

2. 横向焊接时火焰与母材的夹角是_____。

3. 横向焊接时，火焰打方框的方向是_____。

二、判断题

1. 横向焊接时，焊材不需要打弯。 （   ）

2. 加焊材时应该连续、少量地加注。 （   ）

项目三
制冷设备组件的应用硬钎焊

场景导入

掌握了硬钎焊的基本技能后，可对制冷设备组件进行焊接，进一步提升焊接技术。由于制冷组件内部结构、外部形状、组成部件材料的差异，以及在实际的应用焊接中工具的限制，焊接体位的限制，部件限温而导致的降温需求等，对焊接工艺提出了更高的要求。学生准确地掌握制冷组件的应用硬钎焊工艺，可为日后在企业生产和售后维修岗位就业打下坚实的技能储备基础。

任务描述

制冷设备的生产制造会涉及压缩机接口的焊接，售后维修会涉及更换压缩机，本任务是利用前面学习的硬钎焊基础焊接技能进行压缩机接口的焊接练习，以便准确掌握压缩机接口焊接技能。

任务流程图如下。

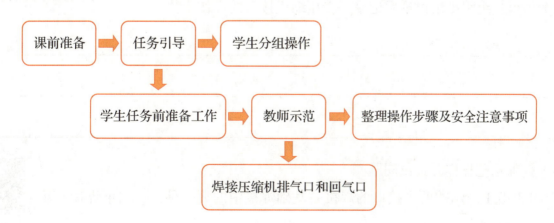

任务实施

一、课前准备

课前完成线上学习:首先从网络课堂接受任务,通过查询互联网、图书资料,分析有关信息;然后分组进行焊接压缩机的准备。

二、任务引导

(1)小组讨论,列出本次焊接压缩机接口任务所需的器材名称、型号及作用,填写表 3-1-1。

表 3-1-1　焊接压缩机接口所需的器材名称、型号及作用

序号	器材名称	规格及型号	数量	作用
1				
2				
3				
4				
5				
6				
7				
8				
9				
10				
11				

(2)小组长组织小组讨论后记录焊接压缩机接口的操作步骤:

_____

_____

_____

(3)教师示范操作并提出问题。

1)图 3-1-1 所示的两个接口的焊接是基础焊接中的哪一种?(向下焊接/横向焊接/向上焊接)

压缩机接口的焊接

项目三 制冷设备组件的应用硬钎焊　61

_____

_____

_____

图 3-1-1　压缩机

排气口管道
回气口管

2）回顾向下焊接的操作步骤和注意事项。

_____

_____

_____

3）焊枪的火焰（图 3-1-2）需要调到什么类型？（碳化焰/中性焰/氧化焰）

_____

_____

_____

图 3-1-2　火焰调节

4）图 3-1-3 所示的红色圆圈处焊点焊接焊材需要打弯吗？为什么？（判断依据为操作者是否便于移动焊接方位）

_____

_____

_____

图 3-1-3　焊点示意图

5）压缩机排气口焊接操作过程示范。

准备工作：正确着装并佩戴防护；点检焊枪、连接气管、气源、减压阀；氮气瓶通过双歧表接到加液阀，供气压力（0.02±0.01）MPa（手检，感觉有气体即可）；用湿布遮住压缩机接线端子，取下四通阀线圈；预测火焰方向确定焊枪位置。

①点火、调节火焰并处理焊料。规范点火并将火焰调至_____后，对焊料进行打弯处理（图3-1-4）。

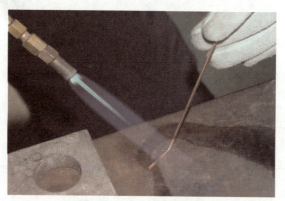

图3-1-4 打弯处理

②预热（图3-1-5）。内焰焰尖距离待焊管口上方_____，火焰的角度与待焊铜管_____，焊枪轻轻_____，预热至待焊铜管变为_____色。

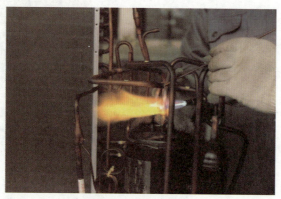

图3-1-5 预热

③加焊料（勾焊，如图3-1-6所示）。手持焊料由_____沿焊缝往_____拉，少量多次，直至_____，最终加焊料的多少以_____为标准。

图3-1-6 加焊料

④移开焊枪、焊料（图 3-1-7）。顺序上是先移开_____，后移开_____。

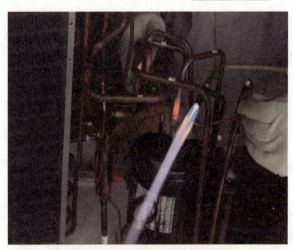

图 3-1-7　移开焊枪、焊料

⑤冷却。湿布冷却（不能将水渗透进制冷系统管道）或自然冷却。

⑥关火。加大氧气，先关燃气，再关氧气。

6）压缩机回气口的焊接操作过程（略）。

注意：回气口的焊接操作与排气口一致。

7）焊接过程中压缩机可以移动吗？为什么？

_____

_____

_____

（4）学生根据观察及提问，整理压缩机接口焊接的步骤及安全注意事项，填写表 3-1-2。

表 3-1-2　整理压缩机接口焊接的步骤及安全注意事项

项目	说明
压缩机接口焊接操作步骤	
安全注意事项	

三、学生分组操作，教师巡视并确保安全

每小组分配一个焊接工位，一台空调外机，小组成员依次进行更换压缩机的焊接。

任务评价

焊接压缩机任务评价表如表 3-1-3 所示。

表 3-1-3　焊接压缩机任务评价表

任务	考核要求	配分	自评	小组评	师评
焊枪、连接气管、气源、减压阀的点检	是否规范进行了点检	20			
火焰调节	1. 点火操作是否符合规范； 2. 是否正确调至中性焰	10			
焊料打弯	是否正确打弯	10			
焊接操作	1. 预热是否充分； 2. 加焊料是否适当； 3. 火焰焰心位置是否适当； 4. 焊接操作步骤有无错漏； 5. 焊口质量如何	50			
安全文明操作	1. 正确着装并佩戴防护用品； 2. 无设备损坏事故，无人员伤害事故； 3. 课后收拾好工具仪表及实训器材，做好室内清洁	10			
总分					

思考与练习

一、填空题

1. 压缩机两个接口的焊接是基础焊接中_____焊接。

2. 点火后焰心长度约调为_____cm。

3. 预热时火焰焰心与焊口铜管的夹角为_____。

二、判断题

1. 压缩机接口焊接时火焰只能调为碳化焰。（　　）

2. 压缩机接口焊接时为保证焊接质量，加热时间长一些，铜管温度高一些，保证焊料充分融化。（　　）

三、问答题

1. 压缩机接口焊接和基础焊接中练习的向下焊接是否存在不同之处？如果有，是什么？

2. 压缩机接口焊接操作中特别需要注意的是什么？（提示：不能有焊料流入压缩机）

任务描述

在制冷设备生产制造中会涉及干燥过滤器的装配焊接，在售后维修中会涉及干燥过滤器的更换。本任务利用前面学习的硬钎焊基础焊接技能进行干燥过滤器的焊接练习，以便准确掌握干燥过滤器焊接技能。

任务流程图如下。

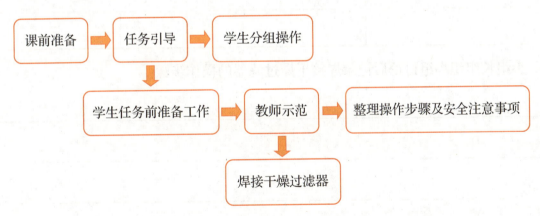

任务实施

一、课前准备

课前完成线上学习：首先从网络课堂接受任务，通过查询互联网、图书资料，分析有关信息；然后分组进行焊接干燥过滤器的任务准备。

二、任务引导

（1）小组讨论，列出本次焊接干燥过滤器任务所需的器材名称、型号及作用，如表 3-2-1 所示。

表 3-2-1　焊接干燥过滤器所需的器材名称、型号及作用

序号	器材名称	规格及型号	数量	作用
1				
2				
3				
4				
5				
6				
7				
8				
9				
10				
11				

（2）小组长组织小组讨论后记录焊接干燥过滤器的操作步骤：

_____

_____

_____

（3）教师示范操作并提出问题。

1）教师示范操作焊接步骤。

①焊接前准备。将需替换的干燥过滤器拆下，再将新件连接好，在干燥过滤器的表面盖上湿毛巾。在自带 $\phi 6$ mm 铜管纳子端（或制冷系统回气端）用双歧管连接氮气瓶，充氮压力 (0.02 ± 0.01) MPa（手检，感觉有气体即可），如图 3-2-1 和图 3-2-2 所示。

项目三 制冷设备组件的应用硬钎焊

干燥过滤器的焊接1

干燥过滤器的焊接2

图 3-2-1 焊接前的准备（一）

图 3-2-2 焊接前的准备（二）

②焊接干燥过滤器与 $\phi 6$ mm 铜管连接端。

焊接步骤：点火调节中性焰→焊料打弯→预热→加焊料→移开焊枪、焊料→冷却，如图 3-2-3~图 3-2-8 所示。

注意：焊枪的火焰方向背离干燥过滤器。

图 3-2-3 点火调节中性焰

图 3-2-4 焊料打弯

图 3-2-5 预热（一）

图 3-2-6 加焊料（一）

图 3-2-7 移开焊枪、焊料（一）

图 3-2-8 冷却（一）

③焊接毛细管与干燥过滤器连接端。

将毛细管端与干燥过滤器连接好,在干燥过滤器的表面盖上湿毛巾,再次手检氮气压力。

焊接步骤:点火调节中性焰→焊料打弯→预热→加焊料→移开焊枪、焊料→冷却,如图3-2-9~图3-2-12所示。

注意:焊枪的火焰方向背离干燥过滤器。

图3-2-9 预热(二)

图3-2-10 加焊料(二)

图3-2-11 移开焊枪、焊料(二)

图3-2-12 冷却(二)

(4)学生根据观察及提问,整理干燥过滤器焊接步骤及安全注意事项,填写表3-2-2。

表3-2-2 干燥过滤器焊接的步骤及安全注意事项

项目	说明
干燥过滤器焊接操作步骤	
安全注意事项	

三、学生分组操作,教师巡视并确保安全

每小组分配一个焊接工位,利用一套训练用冰箱制冷系统模拟设备,小组成员依次进行干燥过滤器的更换焊接。

任务评价

焊接干燥过滤器任务评价表如表3-2-3所示。

项目三 制冷设备组件的应用硬钎焊 69

表 3-2-3 焊接干燥过滤器任务评价表

任务	考核要求	配分	自评	小组评	师评
焊枪、连接气管、气源、减压阀的点检	是否规范进行了点检	20			
火焰调节	1. 点火操作是否符合规范; 2. 是否正确调至中性焰	10			
氮气充注压力	是否小于 0.1bar,手检是否符合要求	10			
干燥过滤器焊接操作	1. 预热是否充分; 2. 加焊料是否适当; 3. 火焰焰心位置是否适当; 4. 焊接操作步骤有无错漏; 5. 焊口质量	50			
安全文明操作	1. 正确着装并佩戴防护用品; 2. 无设备损坏事故,无人员伤害事故; 3. 课后收拾好工具仪表及实训器材,做好室内清洁	10			
总分					

思考与练习

一、填空题

1. 冰箱干燥过滤器一端连接的是_____管,另一端连接的是_____管。
2. 焊接前,处理好的毛细管插入干燥过滤器约_____。
3. 焊接时,为保护干燥过滤器,需要在焊接口处用_____遮挡。

二、判断题

1. 干燥过滤器焊接时火焰一般为中性焰。（   ）
2. 只要焊接动作快,干燥过滤器焊接不用在管内充注氮气。（   ）

三、问答题

1. 焊接前待焊管内充注氮气的压力是多少?冰箱是从哪里充进去的?

2. 干燥过滤器焊接时，焊枪的火焰需要调到什么类型？（碳化焰／中性焰／氧化焰）

3. 干燥过滤器焊接操作中特别需要注意的是什么？

任务三　焊接工艺管封口

任务描述

本次任务是学习对制冷系统工艺管进行封口的钎焊技术，以便学生掌握工艺管管口封口的要领。

任务流程图如下。

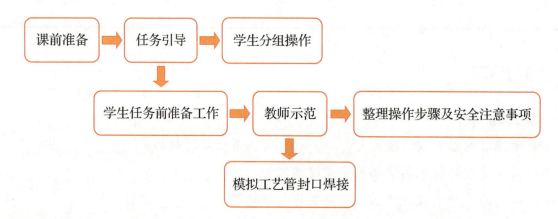

任务实施

一、课前准备

课前完成线上学习：首先从网络课堂接受任务，通过查询互联网、图书资料，分析有关信息；然后分组进行工艺管封口焊接任务准备。

二、任务引导

（1）小组讨论，列出本次工艺管封口任务所需的器材名称、型号及作用，如表3-3-1所示。

表 3-3-1 工艺管封口所需的器材名称、型号及作用

序号	器材名称	规格及型号	数量	作用
1				
2				
3				
4				
5				
6				
7				
8				
9				
10				
11				

（2）小组长组织小组讨论后记录工艺管封口的操作步骤：

_____

_____

_____

（3）教师示范操作并提出问题。

1）教师示范操作焊接步骤。

①夹闭合模拟的工艺管，如图 3-3-1 所示。

模拟工艺管封口焊接

图 3-3-1 夹闭合模拟的工艺管

注意事项

此处是模拟的工艺管，夹闭合后预留的铜管高度约为 4cm，实际的工艺管大约预留 1cm，并且焊接时鲤鱼钳不用留在铜管上。

②点火并调节火焰，如图3-3-2所示。

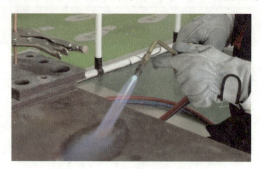

图3-3-2　点火并调节火焰

注意事项

此处火焰调节为_____，乙炔量较小，整体火焰偏弱。

③预热，如图3-3-3所示。

图3-3-3　预热

注意事项

①火焰的位置：焰心不触及工艺管管口端面，离开工艺管管口_____的距离。

②火焰的角度：与管口端接近垂直，火焰方向稍向下。

④加焊材，如图3-3-4所示。

图3-3-4　加焊材

注意事项

①焊材的插入位置：在工艺管管口形成圆形的中央处，使用焊材注入，火焰和管口端稍稍分离后使之流动，形成珠状。

②火焰的移动，沿工艺管管口端面部快速地转动_____次。

⑤移开焊枪、焊料，如图3-3-5所示。

图3-3-5　移开焊枪、焊料

注意事项

焊接后的成形：工艺管管口端面部成圆形珠状。

2）这里的焊接是基础焊接中的哪一种？（向下焊接/横向焊接/向上焊接）

_____

_____

_____

3）焊枪的火焰需要调到什么类型？（碳化焰/中性焰/氧化焰）

_____

_____

_____

4）工艺管封口的焊接操作要领是什么？

_____

_____

_____

_____

（4）学生根据观察及提问，整理工艺管封口焊接的操作步骤及安全注意事项，如表 3-3-2 所示。

表 3-3-2　工艺管封口焊接的操作步骤及安全注意事项

项目	说明
工艺管封口焊接操作步骤	
安全注意事项	

三、学生分组操作，教师巡视并确保安全

每小组分配一个焊接任务工位，小组成员依次进行模拟工艺管封口的焊接操作。

 钎焊技术

任务评价

工艺管封口焊接任务评价表如表 3-3-3 所示。

表 3-3-3 工艺管封口焊接的任务评价表

任务	考核要求	配分	自评	小组评	师评
焊枪、连接气管、气源、减压阀的点检	是否规范进行了点检	20			
火焰调节	1. 点火操作是否符合规范; 2. 是否正确调至中性焰	10			
工艺管封口操作	1. 预热是否充分; 2. 加焊料是否适当; 3. 火焰焰心位置是否适当; 4. 焊接操作步骤有无错漏; 5. 焊口质量如何	60			
安全文明操作	1. 正确着装并佩戴防护用品; 2. 无设备损坏事故,无人员伤害事故; 3. 课后收拾好工具仪表及实训器材,做好室内清洁	10			
总分					

思考与练习

一、填空题

1. 工艺管管口焊接时的焊枪喷嘴与管口的角度是_____。
2. 工艺管封口时火焰距离管口端面_____。
3. 进行工艺管封口中火焰正确的移动方向是_____。

二、判断题

1. 工艺管焊接时火焰应调为碳化焰。　　　　　　　　　　　　　　（　　）
2. 工艺管焊接时火焰转动方向顺时针、逆时针无差别。　　　　　　（　　）

三、问答题

1. 在进行工艺管管口封口操作时焊枪火焰怎样调整？

2. 工艺管封口中火焰正确的移动方向是什么？

任务四 免焊密封压接洛克环

任务描述

洛克环免焊密封压接技术是对现有铜管、铝管硬钎焊技术的应用替代，本次任务是对铜管进行免焊密封连接操作，学习如何用洛克环压接铜管。

任务流程图如下。

任务实施

一、课前准备

课前完成线上学习：首先从网络课堂接受任务，通过查询互联网、图书资料，分析有关信息；然后分组进行洛克环的免焊密封连接的任务准备。

二、任务引导

（1）小组讨论，列出本次洛克环免焊压接接铜管任务所需的器材名称、型号及作用，如表 3-4-1 所示。

表 3-4-1　洛克环免焊压接接铜管所需的器材名称、型号及作用

序号	器材名称	规格及型号	数量	作用
1				
2				
3				
4				
5				
6				
7				
8				
9				
10				
11				

（2）小组长组织小组讨论后记录洛克环免焊压接铜管操作步骤：

_____

_____

_____

（3）教师示范操作并提出问题。

1）教师示范洛克环连接操作。

①插接钳头（图 3-4-1~图 3-4-4）。

取出两颗钳头固定螺钉，将左、右钳头分别插入压接钳头部，对好螺孔位置后用螺钉插入固定。

洛克环使用

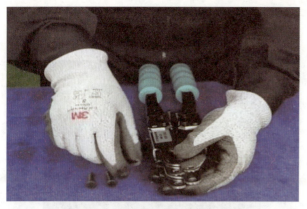

图 3-4-1　取出钳头固定螺钉

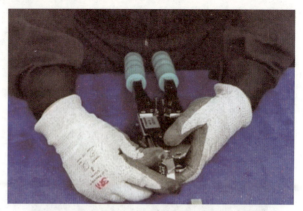

图 3-4-2　将左、右钳头插入压接钳头部

图 3-4-3　对好螺孔位置

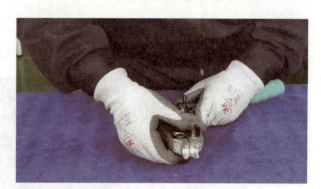

图 3-4-4　螺钉固定

②准备工作。

准备好匹配的洛克环速合复合环、密封液、洛克环压接工具,并在铜管接头涂好胶水,对接好铜管和速合复合环,如图 3-4-5~图 3-4-7 所示。

图 3-4-5　准备工具

图 3-4-6　涂好胶水

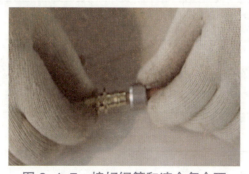

图 3-4-7　接好铜管和速合复合环

③压接左端（图3-4-8和图3-4-9）。

用洛克环工具压接左端速合复合环。

图3-4-8　压接左端（一）

图3-4-9　压端左端（二）

④压接右端（图3-4-10）。

用洛克环工具压接右端速合复合环。

图3-4-10　压接右端

2）洛克环免焊压接适用于哪些场景？

_____
_____
_____

3）洛克环压接钳的钳头和洛克环速合复合环是否需要型号匹配？

_____
_____
_____

4）密封液是否有保质期？

_____
_____
_____

项目三 制冷设备组件的应用硬钎焊 79

5）若铜管与洛克环速合复合环型号不匹配会出现什么问题？

_____

_____

_____

（4）学生根据观察及提问，整理洛克环免焊密封压接铜管的操作步骤及安全注意事项，填写表 3-4-2。

表 3-4-2 洛克环免焊密封压接铜管的操作步骤及安全注意事项

项目	说明
洛克环免焊密封压接铜管操作步骤	
安全注意事项	

三、学生分组操作，教师巡视并确保安全

每组学生分配一套洛克环工具和连接配件，分别对直径 6.35 mm 和 9.52 mm 的两段铜管进行洛克环免焊密封压接操作。

任务评价

洛克环的免焊密封压接任务评价表如表 3-4-3 所示。

表 3-4-3 洛克环的免焊密封压接任务评价表

任务	考核要求	配分	自评	小组评	师评
洛克环压接钳的安装	在进行操作前，应正确选用压接头对洛克环工具进行正确的安装	10			
密封液涂抹和复合环的压接	能按照正确的操作步骤进行压接操作	80			
安全文明操作	1. 无设备损坏事故； 2. 无人员伤害事故； 3. 课后收拾好工具仪表及实训器材，做好室内清洁	10			
总分					

思考与练习

一、填空题

1. 洛克环工具套装应包括_____、_____、_____。

2. 洛克环技术是利用_____原理,达到_____之间,铝与铜、_____、铜与钢、铜与钛之间的紧密连接,专门用于连接_____的有色金属管材。

二、判断题

1. 洛克环复合环只能成对使用。(　　)

2. 是否使用密封液对洛克环连接效果差别不大。(　　)

3. 洛克环连接技术只适用于空调维修。(　　)

4. 用洛克环密封连接好后的铜管可进行加工操作。(　　)

三、问答题

1. 洛克环密封液的作用是什么?

2. 洛克环免焊技术能全面替代钎焊吗?

项目四
手工软钎焊技术

场景导入

手工软钎焊是电子产品印制电路板组装、返修和电器售后维修工艺中基本的工艺技术之一。手工软钎焊的目的是得到可靠的焊点，实现可靠的电、热、机械连接，目标是达到无损、可控、可靠、可重复、适应特殊应用，实现友好操作、高效和经济的焊接工艺。

本项目通过直插电子元器件的软钎焊焊接技术的学习，使学生掌握软钎焊技术的基本技能，为成为一名电子、机电及相关行业的焊接技术从业者奠定坚实的基础。

任务一 认识和选用手工软钎焊工具、材料

任务描述

在制冷设备出现电路板故障时，资深售后维修人员需要熟练利用掌握的软钎焊技术来进行电子元器件的拆卸和焊接，本任务就是软钎焊工具和材料的选用。

任务流程图如下。

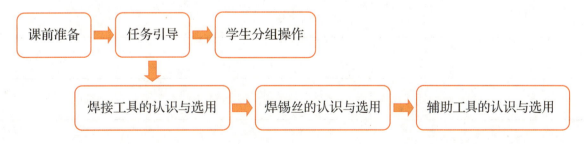

一、课前准备

课前完成线上学习：首先从网络课堂接受任务，通过查询互联网、图书资料，分析有关信息；然后分组进行软钎焊工具和材料的认识及选用知识的学习和讨论。

二、任务引导

（1）小组讨论，列出本次任务所需的工具和材料，并记录在表 4-1-1。

表 4-1-1　本次任务所需的工具和材料

序号	器材名称	规格及型号	数量	作用
1				
2				
3				
4				
5				
6				
7				
8				
9				

（2）小组长组织小组讨论，并记录软钎焊工具和材料的适用范围：

_____

_____

_____

（3）认识和选用软钎焊工具和材料。

1）焊接工具的认识和选用（图 4-1-1～图 4-1-3）。

项目四　手工软钎焊技术

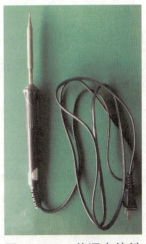
图 4-1-1　普通电烙铁

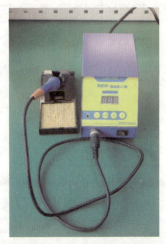
图 4-1-2　恒温调温电烙铁

图 4-1-3　热风焊烙铁（热风枪）

烙铁的作用和选用

烙铁的作用：烙铁是手工软钎焊中主要的一种加热设备，是把电能转换成热能，对焊接部位进行加热的焊接工具。

烙铁类型及功率的选择。

1）类型选择：①普通电烙铁包括内热式和外热式两种，内热式电烙铁的加热元件在烙铁头内部，适合焊接小型元器件；外热式电烙铁发热电阻丝在烙铁头的外面，适合焊接大型元器件及大面积的金属结构。②热风焊烙铁（俗称热风枪）多用于焊接贴片元件和贴片集成电路，如手机主板上的贴片元件。③恒温调温电烙铁因为烙铁头可换，适用范围比普通电烙铁更广泛。电子行业软钎焊初学者常采用性价比高的内热式普通电烙铁。

2）功率选择：用于微型器件及片状元器件的焊接一般采用 10~20W 电烙铁；用于对热敏感元件或板块的焊接一般采用 20~30W 烙铁；用于印制电路板组装件的焊接一般选用 30~50W 烙铁；用于较薄的多层板或较大的接线端子和接地线的焊接一般采用 50~70W 烙铁。

2）焊接材料的认识和选用。

焊锡丝如图 4-1-4 所示。

图 4-1-4　焊锡丝

焊锡丝的作用和选用

焊锡丝的作用：用于手工电子元器件焊接，由锡合金和助焊剂两部分组成，融化后作为液态钎料填充物加到电子元器件金属引脚与印制电路板焊盘的表面和缝隙中，冷却后起导电和固定作用。

焊锡丝的选用要注意以下两点。

1）粗细：常见焊丝的直径一般为 0.3～2.0 mm，焊丝的线径不要太粗，越粗烙铁头的热量越容易流失。一般根据焊点大小选择焊丝的直径，通孔元件选择焊锡丝的直径略小于焊盘宽度的 1/2。0.8～1.0 mm 线径适用于小焊点，如热敏元器件、片式元器件、多引脚小间距的贴装器件等，表贴元件一般选择线径为 0.5 mm 的焊丝；1.0～1.2 mm 线径适用于中焊点，如通孔插装元器件，多引脚中、大间距的贴装器件、搪锡及导线等；1.2～2.0 mm 适用于大焊点，如搪锡、屏蔽线、较大或散热快的接地、添锡拆焊等。

2）保质期：不要使用过期的焊锡丝（焊锡丝的使用年限一般为 2 年）。

3）辅助焊接工具和材料的认识和选用。辅助焊接工具和材料如图 4-1-5~图 4-1-9 所示。

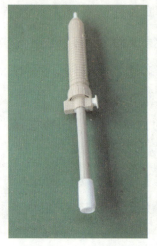
图 4-1-5 吸焊枪

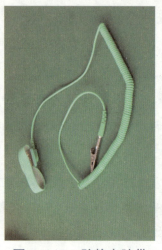
图 4-1-6 防静电腕带

图 4-1-7 镊子

图 4-1-8 斜口钳

图 4-1-9 松香

辅助工具和材料的作用

吸焊枪：电子元器件拆卸时用于吸收焊料。

防静电腕带：泄放人体所带的静电。

镊子：对电子元器件引脚进行整形。

斜口钳：剪掉引脚的多余部分。

松香：清除氧化物，防止氧化，减小表面张力，增加焊锡流动性。

注意：辅助工具、材料应选择正规厂家的产品。

（4）学生根据查找的相关资料及老师讲解，整理焊接工具和材料的作用及选用依据，填写表 4-1-2。

表 4-1-2　焊接工具和材料的作用及选用依据

序号	器材名称	规格及型号	作用	选用依据
1				
2				
3				
4				
5				
6				
7				
8				
9				

三、学生分组操作，教师巡视并确保安全

各小组在手机主板、小印制电路板套件、大印制电路板套件等实训材料中选择其一，讨论焊接所需的工具和器材，教师巡视并确保安全。

手工软钎焊工具、材料的认识和选用任务评价表如表 4-1-3 所示。

钎焊技术

表 4-1-3　手工软钎焊工具、材料的认识和选用任务评价表

任务	考核要求	配分	自评	小组评	师评
烙铁的选用	1. 种类选用正确； 2. 功率选用正确	40			
焊锡的选用	1. 粗细选用正确； 2. 保质期选用正确	40			
辅助工具材料的选用	是否是正规厂家产品	10			
安全文明操作	1. 无设备损坏事故，无人员伤害事故； 2. 课后收拾好工具仪表及实训器材，做好室内清洁	10			
总分					

思考与练习

一、填空题

1. 常见的焊接设备有＿＿＿＿＿、＿＿＿＿＿、＿＿＿＿＿、＿＿＿＿＿。
2. 普通电烙铁分为＿＿＿＿＿、＿＿＿＿＿。
3. 内热式电烙铁适合焊接＿＿＿＿＿。
4. 焊接通孔插装元件的焊锡丝应选用＿＿＿＿＿mm 线径。

二、判断题

1. 印制电路板组装件的焊接最常见的是采用 35 W 电烙铁。　　　　　　　　　　（　　）
2. 存放了几年的焊锡丝可以使用。　　　　　　　　　　　　　　　　　　　　（　　）

三、问答题

1. 烙铁的选用标准是什么？

2. 焊锡丝的选用标准是什么？

项目四 手工软钎焊技术 87

 手工软钎焊的基础焊接

 任务描述

在印制电路板的生产制造和售后维修过程中，均会涉及电子元器件的焊接。本任务讲解和训练手工软钎焊的基础焊接技能——五步焊接法，要求学生准确掌握常见元器件的焊接。

任务流程图如下。

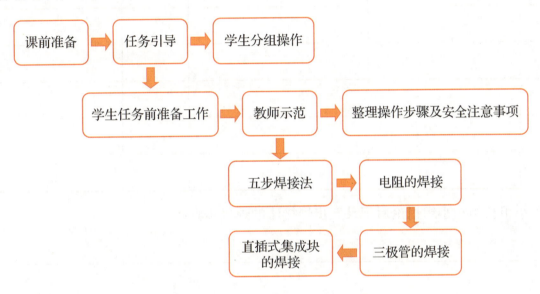

 任务实施

一、课前准备

课前完成线上学习：首先从网络课堂接受任务，通过查询互联网、图书资料，分析有关信息；然后分组进行手工软钎焊基础焊接的任务准备。

二、任务引导

（1）小组讨论，列出本次手工软钎焊基础焊接任务所需的器材名称、型号及作用，并记录于表4-2-1。

表4-2-1　手工软钎焊基础焊接所需的器材名称、型号及作用

序号	器材名称	规格及型号	数量	作用
1				
2				

续表

序号	器材名称	规格及型号	数量	作用
3				
4				
5				
6				
7				
8				
9				
10				
11				

（2）小组长组织小组讨论后记录五步焊接法的焊接步骤：

_____

_____

_____

_____

（3）教师示范操作并提出问题。

1）讲解并示范五步焊接法。

①准备工作。准备好焊锡丝、电烙铁、辅助工具、印制电路板和待焊元器件。待焊元器件需用镊子刮引脚（图4-2-1），这是为了刮掉氧化层，如果是袋装密封好的元器件，此步骤可以忽略。烙铁头如果呈现黑色，使用前要处理干净，可以用预热后的烙铁头熔化松香，让松香分解掉烙铁头的氧化层，然后在加水后湿润的海绵上擦拭干净，再镀上焊锡隔绝空气，如图4-2-2所示。准备好的工具材料如图4-2-3所示。

图4-2-1　刮引脚

图4-2-2　烙铁头镀锡

五步焊接法

图 4-2-3　准备好的工具材料

②预热（图 4-2-4）。使电烙铁同时接触待焊元器件引脚和印制电路板上的焊盘。如果是马蹄形烙铁头，要注意让烙铁头的扁平部分（较大部分）接触热容量较大的焊件，烙铁头的侧面或边缘部分接触热容量较小的焊件，以保持焊件均匀受热。

③熔化焊料。在焊件加热到能熔化焊料的温度后，将焊锡丝置于被焊点（图 4-2-5），焊料开始熔化并润湿被焊点。

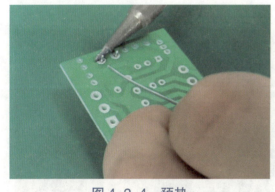

图 4-2-4　预热

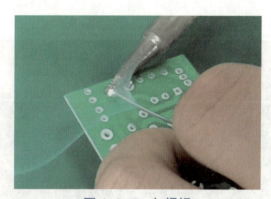

图 4-2-5　加焊锡

④移开焊锡丝（图 4-2-6）。熔化一定量的焊锡后将焊锡丝移开（焊锡熔化量应能铺满焊盘的 2/3 左右）。

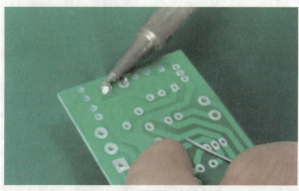

图 4-2-6　移开焊锡丝

⑤移开烙铁（图 4-2-7）。当焊锡完全融化并密封住引脚和焊盘后移开烙铁，注意移开烙铁时其应与印制电路板成 45°夹角。焊接后的焊点要求焊锡量适当，无虚焊，表面光洁、饱满，如图 4-2-8 所示。

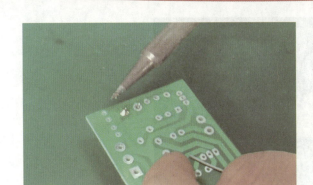
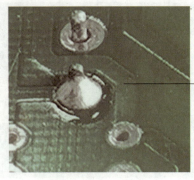

图 4-2-7　移开烙铁　　　　　　图 4-2-8　焊点

焊点质量要求：焊锡量适当，无虚焊，表面光洁、饱满

上述过程，一个焊点的焊接时间为 2~3s。对于热容量较小的焊点，如印制电路板上的小焊盘，有时用三步焊接法，即将上述步骤②、③合为一步，④、⑤合为一步。

2）两脚元件的焊接（电阻）。电阻的焊接过程如下。

①准备工作。准备好工具器材，用镊子刮掉电阻引脚的氧化层（图 4-2-9），根据焊孔位置进行整形（图 4-2-10）后，插入印制电路板待焊孔（图 4-2-11）。在安装要求上电阻需要贴板安装。

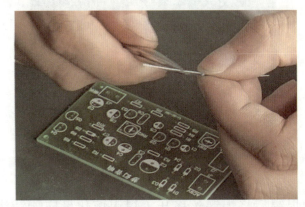
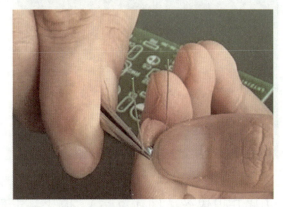

图 4-2-9　刮引脚　　　　　　　图 4-2-10　整形

图 4-2-11　插件

②焊接过程。预热→加焊料→移开焊料→移开烙铁（图 4-2-12~图 4-2-15）。因为印制电路板焊盘较小，所以此处可以用五步焊接法，也可以用三步焊接法。

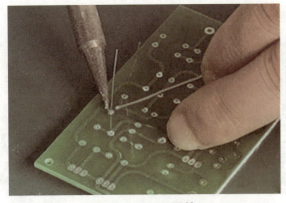

图 4-2-12 预热

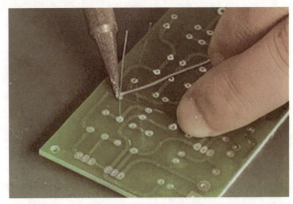

图 4-2-13 加焊料

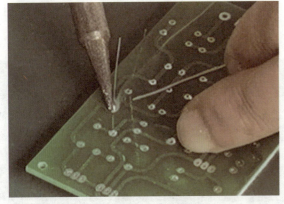

图 4-2-14 移开焊锡

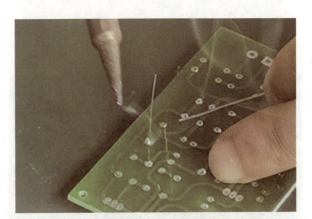

图 4-2-15 移开烙铁

③剪掉引脚的多余部分（图 4-2-16）。焊点如图 4-2-17 所示。

图 4-2-16 剪引脚

图 4-2-17 焊点（一）

3）三脚元件（三极管）的焊接。

①准备工作。准备好工具器材（图 4-2-18），将三极管引脚用镊子刮掉氧化层、整形（图 4-2-19），插入印制电路板待焊孔（图 4-2-20）。此处元件距印制电路板有适当间距。

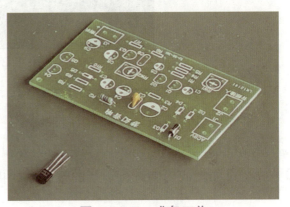

图 4-2-18 准备工作

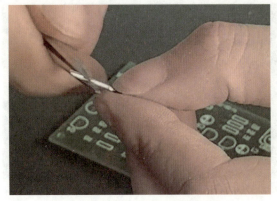

图 4-2-19　刮引脚、整形

图 4-2-20　插件

②焊接过程。预热→加焊料→移开焊料→移开烙铁。焊接过程及焊点分别如图 4-2-21 和图 4-2-22 所示。

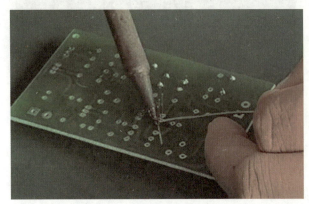

图 4-2-21　焊接过程（一）

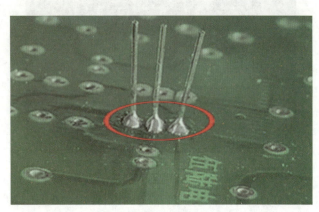

图 4-2-22　焊点（二）

③剪掉引脚的多余部分，如图 4-2-23 所示。

图 4-2-23　剪引脚

三极管的焊接

4）多脚元件（直插式集成块）的焊接。

①准备工作。准备好工具元器件（图 4-2-24），将集成块引脚进行整形（图 4-2-25），完成后将元件插入印制电路板（图 4-2-26）。此处整形可以用镊子，也可以将集成块的某一侧引脚平放在桌面上向内侧进行适当的按压后，再对另一排引脚进行整形。

项目四　手工软钎焊技术

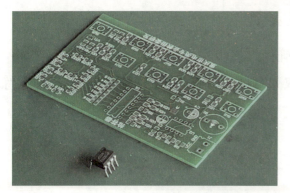

图 4-2-24　准备工具元器件

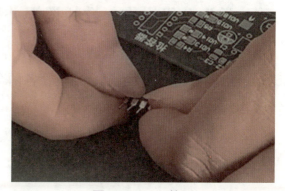

图 4-2-25　整形

图 4-2-26　插件

集成块的焊接

②焊接过程。预热→加焊料→移开焊料→移开烙铁。焊接过程及焊点分别如图 4-2-27 和图 4-2-28 所示。

图 4-2-27　焊接过程（二）

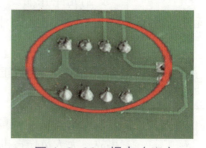

图 4-2-28　焊点（三）

注意：此处不用剪引脚。

（4）学生根据观察及提问，整理并记录五步焊接法、元器件基本焊接步骤及安全注意事项，填写表 4-2-2。

表 4-2-2　五步焊接法、元器件基本焊接步骤及安全注意事项

项目	说明
五步焊接法及元器件基本焊接操作步骤	
安全注意事项	

三、学生分组操作，教师巡视并确保安全

（1）每位学生用五步焊接法焊接10个焊点，确保焊接步骤无误。

（2）给每位学生发放电阻、三极管各两个，双列直插8脚集成电路插座一个，让学生练习单个元器件的焊接。

任务评价

手工软钎焊的基础焊接任务评价表如表4-2-3所示。

表4-2-3 手工软钎焊的基础焊接任务评价表

任务	考核要求	配分	自评	小组评	师评
五步焊接法	1. 烙铁头清洁操作规范； 2. 预热操作正确； 3. 烙铁移开角度为45°； 4. 完成时间3s以内； 5. 焊点质量	60			
两脚元件的焊接	1. 刮元件引脚； 2. 整形； 3. 是否贴板安装； 4. 焊接质量	10			
三脚元件的焊接	1. 刮元件引脚； 2. 元件与电路板间距适当； 3. 焊接质量	10			
多脚元件的焊接	1. 元件引脚是否正确整形； 2. 焊接质量	20			
安全文明操作	1. 正确着装并佩戴防护用品，无设备损坏事故，无人员伤害事故； 2. 课后收拾好工具仪表及实训器材，做好室内清洁	10			
总分					

思考与练习

一、填空题

1. 五步焊接法的步骤：_____、_____、_____、_____、_____。

2. 预热步骤中，烙铁头需要同时接触_____和_____。

3. 用镊子刮元件引脚是为了_____。

二、判断题

1. 三步焊接法可用于大型元器件的焊接。   (   )
2. 焊接过程中，烙铁在移开时的角度为 45°。   (   )

三、问答题

1. 烙铁头使用时间长了为什么容易变黑？如何处理？

2. 对于焊点的质量要求是什么？

任务三　手工软钎焊应用焊接实例——焊接呼吸灯套件

任务描述

下面以呼吸灯套件的焊接来进一步巩固手工软钎焊的基础焊接技能——五步焊接法（三步焊接法），准确掌握电子套件的焊接步骤及方法。

任务流程图如下。

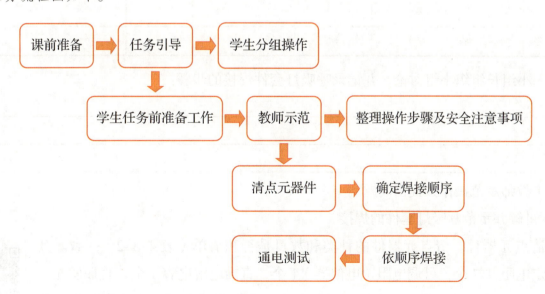

一、课前准备

课前完成线上学习：首先从网络课堂接受任务，通过查询互联网、图书资料，分析有关信息；然后分组进行呼吸灯套件焊接的任务准备。

二、任务引导

（1）小组讨论，列出本次呼吸灯套件焊接任务所需的器材名称、型号及作用，填写表 4-3-1。

表 4-3-1 呼吸灯套件焊接所需的器材名称、型号及作用

序号	器材名称	规格及型号	数量	作用
1				
2				
3				
4				
5				
6				
7				
8				
9				
10				
11				

（2）小组长组织小组讨论，并记录呼吸灯套件焊接的步骤：

_____

_____

（3）教师示范操作并提出问题。

1）讲解并示范呼吸灯套件的焊接。

①清点元器件。清点元器件的种类和数目是否和清单（表 4-3-2）一致。其中，固定电阻共 7 个，可调电阻（电位器）1 个，直插电解电容 1 个，直插发光二极管 8 个，直插二极管 1 个，直插三极管 1 个，直插集成电路 1 个，直插集成电路插座 1 个，接线插座 1 个，导线 1 对，有型号参数的必须核对准确。清点好后，

呼吸灯套件的焊接

将元器件分类放置，如图 4-3-1 所示。

表 4-3-2 元件清单

标号	名称	规格	数量
R1、R2	色环电阻	100	2
R3、R4、45	色环电阻	47kΩ	3
R6	色环电阻	100kΩ	1
R7	色环电阻	30kΩ	1
R8	蓝色可调电阻	100kΩ	1
C1	直插电解电容	22μF	1
D1~D8	直插发光二极管	5mm	8
D9	直插二极管	1N4007	1
Q1	直插三极管	8050	1
J1	接线插座	XH2.54-2P	1
	导线	XH2.54-3P	1
U1	直插集成电路	LM358	1
	PCB 电路板		1

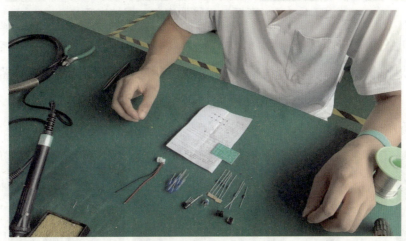

图 4-3-1 清点元器件

②确定焊接顺序。焊接顺序由元器件固定在印制电路板上的高矮决定，原则上先低后高。经比对，预设焊接顺序为电阻→整流二极管→集成电路插座→可调电阻→三极管→接线插座→发光二极管→电容。

③电阻的焊接。

电阻在焊接前需要用万用表检测的好坏，并确认阻值；插件时注意贴板安装，焊接时可以单个焊接，也可以几个一起焊接。操作步骤为刮引脚→整形→插件→焊接→剪引脚，如图 4-3-2 所示。

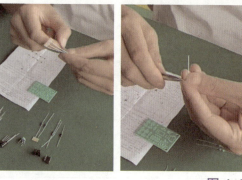

图 4-3-2　电阻的安装、焊接过程

④直插二极管的焊接。

直插整流二极管在焊接前需用万用表检测好坏，并判断正负极；插件时注意贴板安装，极性不能接反。操作步骤：刮引脚→整形→插件→焊接→剪引脚，如图 4-3-3 所示。

二极管的焊接

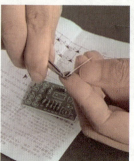

图 4-3-3　直插二极管的安装、焊接过程

⑤直插集成电路插座的焊接。

将集成电路插座的每只引脚捋直，插件时应确保所有引脚均准确插入电路板，注意贴板安装，插集成块端平整、无移位，焊接完成后无须剪引脚。操作步骤：刮引脚→整形→插件→焊接，如图 4-3-4 所示。

图 4-3-4　直插集成电路插座的安装、焊接过程

⑥直插可调电阻的焊接。

直插可调电阻在焊接前需用万用表检测好坏。插件时注意引脚上的定位标志，焊接完成后无须剪引脚。操作步骤：刮引脚→整形→插件→焊接。准备工作如图 4-3-5 所示。焊接过程如图 4-3-6 所示。

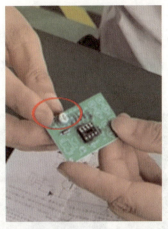

图 4-3-5　准备工作

图 4-3-6　焊接过程

电位器的焊接

⑦直插三极管的焊接。

直插三极管在焊接前需要用万用表检测好坏，并判断引脚极性，插件时注意元件和电路板的间距适当，不能贴板安装。操作步骤：刮引脚→整形→插件→焊接→剪引脚。直插三极管的安装、焊接过程如图 4-3-7 所示。

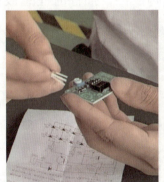

图 4-3-7　直插三极管的安装、焊接过程

⑧接线插座的焊接。

接线插座插件时须贴板安装，焊接完成后无须剪引脚。操作步骤：刮引脚→整形→插件→焊接。接线插座焊前的准备工作如图 4-3-8 所示。其焊接过程如图 4-3-9 所示。

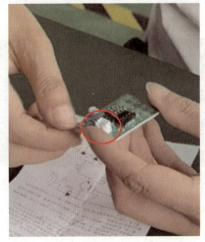

图 4-3-8　接线插座焊前的准备工作

图 4-3-9　插线插座的焊接过程

⑨直插发光二极管的焊接。

直插发光二极管在焊接前需要用万用表检测好坏，并判断引脚极性，插件时注意极性不能接反，贴板安装。此处可以全部插件并一次焊接。操作步骤：刮引脚→整形→插件→焊接→剪引脚，如图4-3-10所示。

图4-3-10 安装、焊接发光二极管

⑩直插电容的焊接。

直插电容在焊接前需要用万用表检测好坏，并判断引脚极性，插件时注意极性不能接反，贴板安装。操作步骤：刮引脚→整形→插件→焊接→剪引脚，如图4-3-11所示。

图4-3-11 直插电容的安装、焊接

⑪插上集成块和电源线母插，通电测试。

焊接完毕后，插上集成块和电源线母插，接上直流电源，可验证功能是否实现，从而判断套件焊接安装是否成功，如图4-3-12所示。

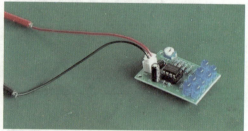

图4-3-12 插集成块、插电源线、通电测试

（4）学生根据查找的资料及老师讲解，整理套件呼吸灯的焊接步骤和安全注意事项，填写表4-3-3。

表 4-3-3 整理套件呼吸灯的焊接步骤和安全注意事项

项目	说明
套件呼吸灯焊接操作步骤	
安全注意事项	

三、学生分组操作，教师巡视并确保安全

分别给各小组成员发放呼吸灯套件一套，让其进行组装焊接，教师巡视并确保安全。

任务评价

手工软钎焊应用实例任务评价表如表 4-3-4 所示。

表 4-3-4 手工软钎焊应用实例任务评价表

任务	考核要求	配分	自评	小组评	师评
五步焊接法	1. 烙铁头清洁操作规范； 2. 预热操作正确； 3. 烙铁移开角度为 45°； 4. 完成时间在 3s 以内； 5. 焊点质量	50			
两脚元件的焊接	1. 刮元件引脚； 2. 整形； 3. 是否贴板安装； 4. 焊接质量	20			
三脚元件的焊接	1. 刮元件引脚； 2. 元件与电路板间距适当； 3. 焊接质量	10			
多脚元件的焊接	1. 元件引脚是否整形； 2. 焊接质量	10			
安全文明操作	1. 正确着装并佩戴防护，无设备损坏事故，无人员伤害事故； 2. 课后收拾好工具仪表及实训器材，做好室内清洁	10			
总分					

思考与练习

一、填空题

1. 焊接顺序由预估焊接后元器件固定在印制电路板上的_____决定，原则上_____。
2. 在本任务中焊接方法可以用五步焊接法，也可以用_____。
3. 较小焊盘的焊接时间一般控制在_____以内。

二、判断题

1. 整流二极管在安装插件到电路板前不需要整形。（　　）
2. 集成块在安装前引脚不需要整形。（　　）

三、问答题

1. 请说出元器件的焊接顺序并说明这样排列的原因。

2. 在本任务中，电阻的种类有几种？不同阻值的有几种？能混用吗？

参考文献

[1] 史建卫，檀正东，周璇. 手工软钎焊工艺技术 [J]. 电子工艺技术，2014（6）：368-370.

[2] 辜小兵. 制冷与空调设备安及维修 [M]. 北京：科学出版社，2011.

[3] 杨申仲. 空调制冷设备管理与维护问答 [M]. 北京：化学工业出版社，2019.

[4] 邓锦军. 制冷电气控制基础与技能 [M]. 北京：机械工业出版社，2021.

[5] 赵越. 钎焊技术及应用 [M]. 北京：化学工业出版社，2021.

[6] 许芙蓉，张胜男. 钎焊技术 [M]. 北京：中国石化出版社，2015.

[7] 史耀武. 钎焊技术手册 [M]. 北京：化学工业出版社，2009.

[8] 吴敏，赵钰. 制冷设备原理与维修 [M]. 北京：机械工业出版社，2021.